中国茶叶科技进展与展望

姜仁华　主编

中国农业科学技术出版社

图书在版编目（CIP）数据

中国茶叶科技进展与展望 / 姜仁华主编. --北京：中国农业科学技术出版社，2021.11
ISBN 978-7-5116-5542-4

Ⅰ.①中… Ⅱ.①姜… Ⅲ.①茶叶-栽培技术-研究-中国②茶叶-加工-研究-中国 Ⅳ.①S571.1②TS272

中国版本图书馆 CIP 数据核字（2021）第 211844 号

责任编辑　周丽丽　李书魁　朱俊峰
责任校对　李向荣
责任印制　姜义伟　王思文

出 版 者　中国农业科学技术出版社
　　　　　北京市中关村南大街 12 号　邮编：100081
电　　话　(010)82109194(编辑室)　(010)82109702(发行部)
　　　　　(010)82109709(读者服务部)
传　　真　(010)82109194
网　　址　http://www.castp.cn
经 销 者　各地新华书店
印 刷 者　北京建宏印刷有限公司
开　　本　170mm×240mm　1/16
印　　张　11.25
字　　数　190 千字
版　　次　2021 年 11 月第 1 版　2021 年 11 月第 1 次印刷
定　　价　88.00 元

《中国茶叶科技进展与展望》

编写委员会

学术顾问： 陈宗懋　刘仲华　杨亚军

主　　编： 姜仁华

副 主 编： 翁　蔚　张琴梅

前 言
PREFACE

茶产业是富民产业、生态产业、健康产业、文化产业，在助力脱贫攻坚和乡村振兴中起到了重要作用。

“十三五”期间，中国茶叶科学研究日新月异，在茶树基因组与功能基因研究、茶树资源与育种、茶树栽培、茶园绿色防控、茶园机械、茶叶加工技术与装备、茶精深加工、茶叶质量安全、茶叶标准化等茶叶科技各领域都取得了长足的进展。茶叶科技创新为茶产业快速、高质量发展注入了新动能。依靠茶叶科技创新，中国茶叶生产规模不断扩大，综合产值不断提升。茶园面积从 2015 年的 264.1 万 hm^2 增长至 2020 年的 321.6 万 hm^2，干毛茶年产量从 228 万 t 增至 293 万 t，茶叶一产产值从 1 301 亿元增至 1 900 亿元，茶叶年消费量从 168 万 t 增至 220 万 t，茶叶年出口额从 14.9 亿美元增至 20.4 亿美元。目前中国茶叶种植面积、生产总量、消费总量、出口额均位居世界第一。

“十四五”是我国茶产业和茶科技发展的重要战略机遇期。2021 年 3 月 22 日，习近平总书记在福建武夷山考察调研时指出，要把茶文化、茶产业、茶科技统筹起来。科技是第一生产力，站在“两个一百年”奋斗目标的历史交汇期，“十四五”的开局之年，总结“十三五”我国茶叶科技发展取得的重要成就，分析茶叶科技发展趋势以及茶产业对科技的需求，探讨我国“十四五”茶科技发展方向、目标和重点任务，谋划“十四五”茶叶科技发展蓝图，对推动中国茶叶科技进步和茶产业高质量发展具有重要意义。

本书由中国工程院院士、中国农业科学院茶叶研究所陈宗懋研究员，中国工程院院士、湖南农业大学茶学系刘仲华教授，以及国内茶叶各领域知名专家撰稿，总结、分析我国茶叶科技各领域“十三五”进展，展望、规划“十四五”

茶叶科技发展方向，旨在让茶科技更好地服务于茶产业，使茶产业成为乡村振兴的支柱产业。

本书内容包括我国茶产业发展“十三五”回顾及“十四五”展望、我国茶叶科技“十三五”进展及“十四五”发展思考，另从茶树生物学、茶树种质资源、茶树遗传育种、茶树栽培、茶园绿色防控、茶园机械、茶叶加工、茶饮料与茶食品加工、茶叶功能成分利用、茶叶质量安全、茶叶标准化等 11 个方向分篇总结该领域“十三五”进展，并针对该领域存在的问题，提出“十四五”期间的重点研究方向，可为未来这些领域的研究工作提供参考。

本书在编写过程中，得到了中国工程院陈宗懋院士、刘仲华院士和茶界多位首席、专家的大力支持，全体编写人员、审稿专家、编辑人员付出了辛勤劳动，在此一并致谢！

由于编写时间有限，书中难免有不当和疏漏之处，欢迎广大读者批评指正。

主编：姜仁华

2021 年 6 月

目 录
CONTENTS

我国茶产业发展“十三五”回顾及“十四五”展望

茶产业是过去我国脱贫攻坚的重要支柱产业，也是被寄予厚望的乡村振兴支柱产业。茶产业持续高质量发展既是满足人民美好生活需要的必然要求，也是加快农业农村现代化建设的重要内容，意义重大。分析总结“十三五”期间我国茶产业发展在规模布局、加工结构、消费贸易、增收增效、文化发展、品牌建设、绿色生产、融合发展、政策法规和科技支撑等方面的突出亮点及存在的主要问题，以便于对“十四五”茶产业发展进行展望并提出对策建议。

一、“十三五”我国茶产业发展回顾

1. “十三五”我国茶产业发展现状

（1）生产规模持续扩大，布局重心继续西移

“十三五”期间，我国仍是世界第一大茶叶生产国，生产规模再创历史新高，但规模增长逐渐趋缓，增幅远低于“十二五”。茶园面积从2015年的264.1万hm^2增至2020年的321.6万hm^2，增长了约21.8%；干毛茶年产量从228万t增至293万t，增长约28.5%。

除江苏、河南茶园面积基本稳定外，其余各产茶省茶园面积均实现增长，其中有10省（区、市）增长30%以上，主产省中广东、湖南、湖北、陕西、广西分别增长50%、38%、37%、36%、34%。分区域看，我国中部5省茶园面积增

长26%，西部8省（区、市）增长23%，东部6省增长12%，布局重心继续西移，中西部地区茶园面积占全国的比重提高1.5个百分点，达到82%。

（2）茶类结构更趋均衡，加工能力不断增强

“十三五”期间，六大茶类产量均实现增长，以绿茶为主导，各茶类发展更趋均衡。绿茶稳定增长，仍居主导地位，约占茶叶总产量的2/3；青茶、红茶、黑茶分别约占总产量的11%、9%、7%，产量差距逐渐缩小；白茶、黄茶产量快速增长，黄茶产量从2015年的580 t增长到2020年的8 000 t以上，5年增长10余倍。

我国茶叶加工能力和水平不断提升，许多茶区完成了初制加工厂改造升级，清洁化加工意识和管理水平显著提高，清洁化、连续化、自动化加工生产线大量建成，精深加工能力增强。“十三五”末，我国茶叶加工厂数量达3.8万家，加工能力大幅提高。云南省组织开展茶叶初制厂规范化建设和达标验收工作，2020年验收登记2 099家，大幅提高了初制加工规范化、标准化水平。浙江省、陕西省分别建成349条和400余条名优茶生产线。贵州省建成初制加工生产线3 443条，精制生产线320条，深加工生产线18条。茶叶加工向数字化、智能化方向探索前进，浙江省多点推进数字化工厂项目。

（3）产业效益不断提升，脱贫攻坚贡献巨大

“十三五”期间，鲜叶收购均价和干毛茶交易均价总体稳中有升，茶产业效益稳定增长。据统计，全国茶叶一产产值从2015年约1 301亿元增至2020年约1 900亿元，增长约46.04%。我国茶园大部分分布在贫困山区，茶产业为脱贫攻坚发挥了突出作用。据农技部门2019年的调查数据，我国372个国家级和省级贫困县种植茶叶，茶园面积约209万 hm^2，茶叶年产量约173万 t，分别占全国的67%和62%[1]，带动至少3 500万人增收；其中国家级贫困县292个，茶园面积约187万 hm^2，茶叶年产量约150万 t。在秦巴山区、武陵山区等扶贫茶区，茶农来自茶产业的人均年收入均超过3 000元，为实现脱贫提供了有力支撑。

（4）消费规模稳步增长，国际贸易稳定发展

“十三五”期间，我国是世界第一大茶叶消费国，消费规模稳定增长。据中国茶叶流通协会统计，茶叶年消费量从2015年的168万 t增至2020年的约220

万 t，增长约 31%。茶叶消费增长为消化产能提供了保证，茶叶销售总体顺畅，未出现大规模库存积压和卖难问题。

我国茶叶出口保持增长态势，2016—2019 年茶叶出口量、出口额屡创历史新高，即使 2020 年受新冠肺炎疫情影响仍保持较高出口水平。“十三五”期间，茶叶年出口量从 2015 年的 33.7 万 t 增至 2020 年的 34.9 万 t，约增长 3.6%；年出口额从 14.9 亿美元增至 20.4 亿美元，约增长 37%；出口单价从 4.3 美元/kg 增至 5.9 美元/kg，约增长 37%；茶叶进口增幅大于出口，但进口茶的价格走低，年进口量从 2.4 万 t 增至 4.3 万 t，约增长 79%；进口额从 1.2 亿美元增至 1.8 亿美元，增长 50%；单价从 4.9 美元/kg 降至 4.1 美元/kg，下降约 16%。

2.“十三五”我国茶产业发展主要特点

(1) 文化创新取得突破，品牌建设成效显著

“十三五”期间，作为传统优秀文化的重要内容，茶文化传播取得重大突破。2020 年 5 月 21 日，由我国倡议并经联合国大会批准设立的首个“国际茶日”，在全球掀起关注、庆祝、消费茶叶的热潮，成为世界茶叶发展史上一个重要时刻及重要发展契机。同时，茶文化在我国外交工作中发挥重要作用，“茶叙”外交成为大国外交重要方式和手段。茶文化传承更受重视，2018 年第五批国家级非物质文化遗产代表性项目代表性传承人中包括 16 位与茶及茶文化有关的传承人。新茶饮成为潮流文化重要内容，一批新茶饮企业快速崛起，极大地促进了年轻人的茶产品消费。

茶叶品牌建设取得新成效，绝大部分产茶省、市、县明确了茶叶区域公用品牌，加大整合推广力度，品牌知名度快速提高，同时部分企业品牌知名度也大幅提高。

农业农村部和浙江省人民政府共同主办的中国国际茶叶博览会带动各地每年举办上千场次茶事活动，方式内容日益丰富，质量逐步提高，扩大了茶叶品牌知名度，提高了品牌价值。据中国茶叶品牌价值评估课题组发布的中国茶叶区域公用品牌和企业产品品牌 2 个价值评估报告显示，2020 年有效评估的 98 个茶叶区域公用品牌的平均价值超过 20 亿元[2]，比 2015 年增长 49%；有效评估的 172 个

企业产品品牌平均价值为2.49亿元[3]，比2015年增长50%。茶叶地理标志保护实现突破，2020年中国和欧盟签署的《中华人民共和国政府与欧洲联盟地理标志保护与合作协定》将28个茶叶地标产品纳入第一批互认互保范围，将31个茶叶地标产品纳入第二批保护范围，为中国茶品牌开拓欧洲市场奠定了良好基础。

（2）绿色底色更加鲜明，质量安全保持稳定

“十三五”期间，茶产业牢固树立绿色发展理念，大面积实施绿色高质高效创建、病虫害绿色防控示范区建设、有机肥替代化肥试点及茶园“双减”等项目，研发集成和示范推广了一批化肥农药减施增效技术模式和先进技术，全国茶园病虫害绿色防控技术覆盖率达56.6%，为所有作物中最高；有机肥替代化肥示范县达63个，带动减少化肥和化学农药使用量，提升了绿色生产水平。

福建、浙江、广东等主产省大力发展生态茶园，福建省发布实施《生态茶园建设与管理技术规范》《茶庄园建设指南》等生态茶园标准。浙江省建成省级生态示范茶园178个，面积7 033 hm^2；各级生态茶园646个，面积近1.33万 hm^2。广东省创建和认定122家企业的生态茶园认定，覆盖主要茶区，辐射带动面积达1.33万 hm^2 以上。陕西建成秦岭南部、巴山腹地超6.67万 hm^2 绿色生态茶叶带[4]。

有机认证茶园面积大幅提高，据国家市场监督管理总局认证监管司发布的《中国有机产品认证与有机产业发展》报告显示，2018年茶叶有机种植面积（含转换期）为11.1万 hm^2，比2013年增长1.1倍。

随着绿色生产水平提升，茶叶质量品质稳定提高，2020年农业农村部组织开展4次国家农产品质量安全例行监测（风险监测），茶叶抽检合格率达98.1%。

（3）融合发展加快推进，产业水平明显提高

“十三五”期间，融合发展成为茶产业新的增长点。一是茶文旅融合发展，延长了消费链条。以茶为核心的景点和线路日趋丰富，以茶促旅，以旅带茶，在促进茶企增效、农民增收方面取得新成效。二是茶电商模式，拓宽了销售渠道，显著提高了市场覆盖率和购茶便捷性。三是新茶饮蓬勃发展，扩大了消费人群，特别是吸引了年轻人消费茶产品。

我国茶叶产业化水平明显提升，龙头企业和茶农专业合作社数量增加、质量提高。据不完全统计，截至2020年，涉茶农业产业化国家重点龙头企业达109家，省级龙头企业1 139家，茶叶专业合作社达26 800余家。在做强做大龙头企业基础上，茶产业启动推进产业集群建设，2020年中央财政资金首批支持了浙江浙南早茶、安徽徽茶、福建武夷岩茶3个茶产业集群建设。在农业农村部支持下，200多家龙头企业和涉茶单位自发组建中国茶产业联盟，茶产业联谋发展、联促创新、联创品牌、联拓市场、联合维权的能力显著增强。

（4）政策法规更加完善，科技推广支撑有力

“十三五”以来，茶产业发展的法律法规和政策支撑力度明显增强，《福建省促进茶产业发展条例》发挥重要作用[5]，《贵州省茶产业发展条例》《湖北省促进茶产业发展条例》于2021年初相继实施，为保障茶产业高质量发展提供了有力法规依据和坚实法治基础；2016年原农业部发布《关于抓住机遇做强茶产业的意见》，2020年农业农村部发布《关于促进贫困地区茶产业稳定发展的指导意见》，各产茶省出台了一系列扶持茶产业发展的政策意见，投入了大量财政经费，在基地、加工和品牌建设等方面发挥了重要作用，取得积极进展。

“十三五”期间，我国累计登记茶树品种90个；中国种茶树（*Camellia sinensis* var. *sinensis*）全基因组信息实现破解；以国家茶叶产业技术体系为核心的茶学科研队伍在化肥农药减施增效、夏秋茶利用、黑茶加工等方面取得一批先进技术成果；各级农技推广部门在茶产业标准建设，有机肥替代化肥试点等重大项目实施，绿色防控等重大技术推广，以及品牌打造等方面发挥重要作用，为茶产业提供了有力的科技支撑。刘仲华院士、陈宗懋院士团队的2项成果先后获国家科学技术进步奖二等奖。上述重大成果和进展提升了茶学地位，给予茶学研究者巨大激励。

3. 当前我国茶产业发展存在的主要问题

（1）产品结构与消费需求不完全匹配

近年来，我国茶产业经历了规模高速增长的发展阶段，未来3年我国还有53万hm^2以上幼龄茶园投产，生产能力将大幅提高，产量增速明显大于消费增速，茶叶销售压力越来越大。而目前茶叶产品风格不够丰富，同质化产品过多，高价位茶叶比例偏大，适应大众消费水平的平价优质茶比例偏小，适合年轻人消费的创新茶产品种类偏少，有机茶比例偏低。与消费需求尤其是满足人民美好生活的需求未完全匹配，产业持续高质量发展面临较大挑战。

（2）生产水平与满足茶产业高质量发展要求存在差距

总体上看，茶产业生产基础薄弱，生产方式和技术水平与推进农业现代化的要求存在较大差距。一是品种老化。我国茶树品种普遍不适应机采要求，老茶园品种更新滞后，影响名优茶品质提升。二是机械化率低。受制于茶园条件和关键性设备缺乏，名优茶仍依赖人工采摘，另外耕作、施肥、除草等环节机械化率也不高，用工难、用工贵问题日益突出。据农机部门调查，全国茶园管理作业机械化率不足10%，与大田作物相比存在巨大差距。三是防灾能力弱。近年来我国极端天气频发，茶园几乎每年都遭受倒春寒、长季节干旱和洪涝灾害，由于大部分茶园缺少防霜冻、排灌等设施设备，防灾减灾能力弱，常造成减产和品质下降。四是资源利用率低。许多茶区仅生产春茶，缺少夏秋茶高值利用模式和技术，夏秋茶资源大量浪费。

（3）产业主体带动做强茶产业能力不足

目前，总体上我国茶叶企业规模仍然偏小，具备国际市场开拓能力和产业发展引领能力的大型龙头企业数量少；茶叶品牌竞争力不强，缺少有国际影响的大品牌和市场占有率高的国民品牌。尤其是中西部地区茶叶企业规模普遍偏小，缺少品牌和销售渠道，互联网销售等营销人才匮乏，销售乏力，难以带动产业发展。

二、“十四五”我国茶产业发展展望与对策建议

1. “十四五”我国茶产业发展展望

“十四五”我国茶产业发展将迎来良好机遇，乡村振兴需要做强茶产业也必须做强茶产业，国际茶日、茶与健康产业融合、新茶饮崛起等有利因素将进一

步刺激茶叶消费，促进茶产业高质量发展。总体上看，我国茶产业将向种植生态化、产品标准化、经营品牌化、市场国际化、产业融合化方向发展。

（1）发展方式向质量效益型转变

“十四五”期间，茶产业规模增长阶段将基本结束，发展方式将从“规模增长型”转为“质量效益增长型”。政策层面将整治耕地非粮化，组织退出现有耕地上的茶叶；扶持重点将转向组建产业化集团，打造有竞争力的品牌，创新产品和业态，集成应用高值化利用模式，提升产品质量和产业效益。

（2）生产方式向全面绿色转型

“十四五”期间，我国茶叶生产方式将逐步实现全面绿色转型。生态茶园有望成为将绿水青山转化为金山银山的桥梁，通过赋予茶产品和品牌生态内涵，探索实施碳汇交易兑现茶园生态系统服务功能价值等途径，实现茶产业的生态增效。全体从业者的绿色生产意识将进一步增强，种植环节生态茶园比例将大幅提高，病虫害绿色防控、茶树专用配方肥和有机肥施用、绿肥利用、绿色防草等关键技术应用率将进一步提高，加工环节不落地清洁化生产不断普及，节能型连续化、自动化加工设备和清洁化能源的应用率将明显提高。

（3）产品结构向多元化方向发展

“十四五”期间，茶产业融合发展将继续推进，茶产品结构将更加多元化以适应消费的多元化发展。消费者对茶文化等精神层面的消费需求将逐步增多，茶文化体验、研修和文化创意产品等的市场空间有望扩大。茶旅消费、新茶饮消费、茶电商销售规模将进一步扩大，成为茶叶消费、销售渠道的重要组成部分。茶保健功能将更普遍和深刻地被消费者认识，茶叶功能性产品、衍生产品、跨界产品将得到快速发展。

（4）科技支撑产业发展的作用将更加凸显

“十四五”期间，我国茶产业科技攻关能力将进一步增强，茶园机械化、智能化作业，名优茶机采等关键技术及装备研发有望取得突破性进展；各地将加快集成创新名优茶机采机制生产技术模式、生态茶园技术模式、夏秋茶高值化综合利用模式，产业整体科技水平将明显提高。智慧茶园、智能工厂等数字茶业建设将逐步启动，从生产端提升自动化、智能化水平和科学管理能力，促进节本增效；从产品端实现质量全程管控和追溯，促进优质优价，实现数字增值。同时，随着茶叶企业“二代”经营者的眼界素质和知识水平提升，茶产品、业态创新及产业链的科技化改造将引领产业发展。

2. 做强我国茶产业的对策建议

“十四五”时期做强茶产业的总体策略是茶文化、茶产业、茶科技统筹推进；根本办法是加大力度推进“三品一标”；关键举措是加快推进“一园一机”，即推进集成应用生态茶园模式和机械化生产。

（1）强化政策指导，促进产业发展

“十四五”时期，应强化茶产业发展规划和政策引导，扶持、做强优势区的茶产业集群，增强优势区竞争力，引导非优势区茶园和低产低效老化茶园逐步退出茶叶生产，稳定茶叶生产规模。应重点对优势区生态茶园基地建设和低产低效老化茶园生态化、机械化改造，茶园防灾抗灾设施建设，初精制加工厂现代化改造，茶叶产品、业态创新及品牌建设等方面进行扶持，夯实发展基础，促进产业提质增效发展。

（2）加强文化引领，促进消费扩容

“十四五”时期，应统筹推进茶文化、茶产业、茶科技发展，发挥我国作为茶叶原产国，茶文化底蕴深厚的优势，结合推广“国际茶日”和全民饮茶，深入挖掘传统优秀茶文化和民族茶文化，大力建设弘扬生态茶文化、潮流茶文化、生活茶文化，对内促进茶产业、茶文化与旅游、康养、医疗等产业融合发展，拓展茶叶消费内容和渠道，增大茶叶消费规模；对外强化茶文化输出，讲好中国茶故事，培养饮茶生活方式，宣传推广我国茶叶产品知识、茶叶品牌和技术标准，扩大出口茶市场。

（3）聚焦绿色发展，推进“三品一标”

“十四五”时期，应重点围绕集成应用生态茶园模式，推进茶叶“三品一标”建设。一是结合各地低产低效老化茶园实施生态化改造，更新培优茶树品种；二是通过培优品种，加强茶园生态建设和土壤养分、病虫害科学管理提升茶叶品质；三是组织实施生态茶园认证和茶园生态化水平评价，赋予茶叶品牌生态内涵，提升品牌价值，打造知名品牌；四是加快建立生态茶园标准体系，实现生态建园、生产管理和认证评价全过程标准化。

（4）抓好两支队伍，强化科技支撑

“十四五”时期，应加强茶叶科研和农技推广两支队伍建设，增强科技支撑和技术推广落地能力。继续提升茶叶科技投入力度，围绕发挥脱贫地区生态优势和满足人民群众美好生活需要创设重点研发专项，加快研发集成生态茶园、茶园全程机械化作业、机采机制名优茶生产、茶园资源综合化和高值化利用等技术模式。

稳定和补强基层茶叶技术推广队伍，加快基层推广人员知识更新，为推广工作提供经费保障。借鉴现代农业产业技术体系运行机制，设立国家茶叶技术推广岗位，配合产业体系开展工作，强化技术落地能力。

（5）发挥联盟作用，打造发展平台

“十四五”时期，应充分发挥中国茶产业联盟作用，集聚资源力量，围绕产业发展方向，支持建立公益性的发展服务平台。一是建立中国茶及茶文化传播平台，对外以“国际茶日”和“一带一路”为纽带，通过文化创意广告、组团出海宣传等途径，扩大中国茶影响；对内以健康饮茶和茶生活方式传承为核心，传播全民饮茶理念。二是建立茶与健康融合创新平台，大力科普饮茶健康理念，促进茶产业与医药健康产业合作，持续创新和推广茶健康产品。三是建立生态茶园促进发展平台，组织开展生态茶园认证评价、宣传推广和交流服务等工作，促进茶产业生态化发展。

参考文献

[1] 冷杨，尚怀国，童杰文，等. 我国贫困地区茶产业发展现状与对策［J］. 中国茶叶加工，2021（1）：21-24，31.

[2] 胡晓云，李闯，魏春丽. 2020 中国茶叶区域公用品牌价值评估报告［J］. 中国茶叶，2020，42（5）：24-38.

[3] 胡晓云，魏春丽. 2020 中国茶叶企业产品品牌价值评估报告［J］. 中国茶叶，2020，42（6）：13-24.

[4] 孙越赟，肖瑶．陕西茶产业“十三五”回顾与“十四五”展望［J］．中国茶叶，2021，43（6）：66-69.

[5] 于学领，张雯婧，刘丽英，等．福建省茶产业“十三五”回顾与“十四五”展望［J］．中国茶叶加工，2021（1）：72-77.

（撰稿：冷杨，童杰文，黄萍，尚怀国，周泽宇*）

* 通信作者。

我国茶叶科技“十三五”进展及“十四五”发展思考

茶产业是富民产业、生态产业、健康产业、文化产业。“十三五”以来，我国茶产业发展迅速，生产规模不断扩大，综合产值不断提升，在实施脱贫攻坚和乡村振兴中发挥了重要作用。目前，我国茶叶种植面积、生产总量、消费总量、出口额均位居世界第一。与此同时，我国茶叶科技取得了长足的进步，有力地支撑了我国茶产业的快速、高质量发展。在看到成绩的同时，我们也要清醒地认识到，我国茶产业发展也面临着产能出现结构性过剩、生产成本持续上升、综合效益仍有待提高、科技对产业的贡献率需要进一步提升等挑战。

“十四五”是我国茶产业和茶科技发展的重要战略机遇期。2021 年 3 月 22 日，习近平总书记在福建武夷山考察调研时指出，要把茶文化、茶产业、茶科技统筹起来。因此，总结“十三五”我国茶叶科技发展取得的重要成就，分析未来茶学学科发展趋势以及茶产业对科技的需求，在此基础上，提出“十四五”我国茶叶科技发展的建议，对我国茶产业的高质量发展和推动茶叶科技进步是非常有必要的。

一、“十三五”我国茶叶科技发展取得的成绩

1. 获得国家科技投入增幅明显

“十三五”期间，国家对科技计划管理进行改革，形成了新的国家科技计划体系。茶叶领域在新的国家科技计划体系中，获得的国家科技投入大幅增加。

在国家重点研发计划方面，“化学肥料和农药减施增效综合技术研发”等6个专项安排了6项茶叶领域项目，合同国家财政经费达到1.32亿元；在“主要经济作物优质高产与产业提质增效科技创新”等6个专项中，以茶叶研究为主要内容，共有30项课题获得了立项，合同国家财政经费约1.6亿元；与“十二五”国家科技支撑计划、973计划、863计划、行业专项等计划支持的茶叶领域项目（课题）相比，立项项目（课题）数和国家财政经费支持额度增加4倍以上。在国家自然科学基金方面，茶叶领域共获得各类别基金项目资助285项，合同金额达到1.2亿元，其中获得了2项优秀青年科学基金项目、1项重点国际（地区）合作研究项目、3项区域创新发展联合基金重点项目，在项目类别和项目资助数、资助金额方面都取得了新的突破。

2. 科技产出量质齐升

（1）获得奖励成果数量不断增加，质量提升明显

至2021年5月公布信息可见，“十三五”期间茶叶领域获得省部级及以上奖励成果107项次，其中省部级一等奖及以上奖励14项，获得3项国家科技进步二等奖（其中1项已完成公示）。与“十二五”相比，在获奖类别方面，2016年首次实现省级自然科学奖零的突破，奖励成果数量增加20.2%，高级别（省部级一等奖及以上）奖励成果数量增加75%，且首次获得省级特等奖1项、省级自然科学一等奖1项。

（2）SCI期刊发表论文数量增加明显

在Web of Science中，以tea或camellia为关键词，结合摘要甄别，对中国大陆各学术机构在SCI期刊上发表论文进行了检索（图1），发表论文数从2011年的371篇增长到2020年的1 684篇，数量逐年增加，“十三五”期间共发表SCI期刊论文6 119篇，比“十二五”增加1.26倍。在高质量期刊的发文数量也实现新高，在Nature Communications、Molecular Plant、PNAS、New Phytologist、Plant Journal等TOP期刊发表了多篇高质量论文，实现了茶学基础研究的新突破。

（3）申请和授权发明专利数量总体有所增加

在智慧芽PatSnap全球专利数据库中，以茶为关键词，排除茶油和油茶等，

图 1 中国 2008 年以来 SCI 期刊茶学论文发表情况

对中国 2008—2020 年申请和授权的发明专利进行了检索（图 2），2016 年专利申请和授权数达到最多，"十三五"期间发明专利申请数比"十二五"增加 52.1%，但授权发明专利数只增加 4.4%。

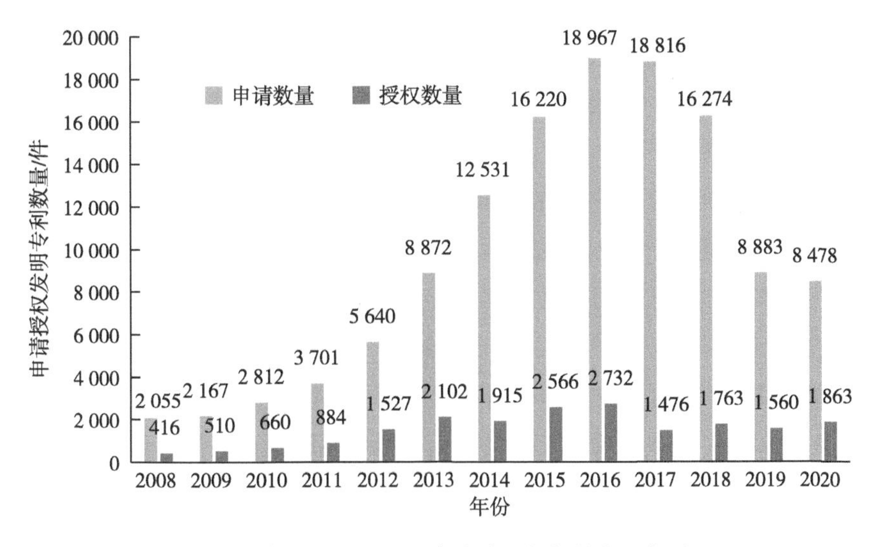

图 2 中国 2008—2020 年申请和授权的发明专利

3. 科技创新取得新进展

（1）茶树基因组与功能基因研究

在国际上率先完成茶树全基因组测序，完成了 4 个染色体级别的基因组组装[1-4]，构建了 1 个茶树基因组的精细图谱[5]，为推动茶树重要功能基因的定位和克隆、分子标记辅助选择育种奠定了基础。鉴定出一批重要基因，如分离克隆出苦茶碱合成酶基因，明确了它在咖啡碱转化为苦茶碱过程中催化 N-9 位甲基生成的机制[6]，鉴定出调控花青素、儿茶素等品质成分合成、抗逆等性状的关键基因[7-9]。

（2）茶树资源与育种

新收集了一批野生近缘种等珍稀特异资源，使国家种质茶树圃保存资源达到 3 700 余份，资源多样性继续保持世界首位；鉴定发掘出一批叶色变异[10]和功能成分特异的茶树资源，为特异品种的选育和多元化产品开发提供了种源基础。育成了一批优质特色无性系茶树新品种，“十三五”期间全国登记新选育品种 51 个，获得授权植物新品种权 72 个，品种支撑产业发展作用突显，全国茶园良种化率达到 68%。

（3）茶树次级代谢研究

研究明确了茶树中茶氨酸等一些重要次生物质的代谢途径和调控机制，如进一步揭示了茶氨酸在茶树中的生物合成及转运分子机制[11]，发现了咖啡碱新的代谢途径[12]，揭示了茶树芳樟醇和橙花叔醇生物合成调控新机制[13]等。

（4）茶叶绿色生产技术研究

构建了茶园化肥减施增效的理论、方法和技术体系，集成创新化肥减施增效技术模式 13 套，技术模式推广面积已超过 14 万 hm^2，实现平均化肥减施 37%、肥料利用率提升 40% 以上，节本增效明显。针对茶小绿叶蝉、茶尺蠖、灰茶尺蠖等我国茶园重要害虫，攻克了昆虫视觉信号电生理筛选、性信息素微量组分鉴定等技术难点，研发出天敌友好型 LED 杀虫灯、黄红双色诱虫板、新型性诱剂等绿色防控新产品，实现了茶园害虫的精准、高效诱杀[14]；集成提出茶园病虫害绿色防控技术模式，实现化学农药平均减施 70% 以上，极大地提高了我国茶园害虫绿色防控技术水平。

(5) 茶叶加工技术与装备

研制出一批茶叶加工品质提升新技术和加工关键设备，超微茶粉（抹茶）、茉莉花茶等再加工茶加工技术和装备取得较大进展[15-16]，基于近红外、机器视觉等茶叶水分、茶叶品质智能感知技术取得了突破，数字化加工技术在部分茶类开始应用，主要茶类基本实现连续化加工，茶叶加工装备和技术水平明显提高。

(6) 茶叶加工化学

初步明确了绿茶、红茶、白茶、黑茶等代表性茶类特征成分[17-19]。在茶叶中发现一些新成分，如在红茶和半发酵茶中发现线粒体激活因子（MAF），在白茶中发现EPSF类新成分“老白茶酮”[20]，在广西白毛茶中发现8种由茶氨酸与儿茶素转化生成的新化合物C-8N-ethyl-2-pyrrolidinone-substituted flavan-3-ols，这些化合物具有抗氧化和抑制乙酰胆碱酶的活力[21]。

(7) 茶精深加工

开发出冷溶、高香等高品质专用速溶茶，实现了速溶茶的终端化和高质化应用；茶叶功能成分绿色高效提制和合成技术取得进展，产品生产规模、安全性、纯度得到提高，开发出一批以茶叶功能成分为原料的天然药物、保健食品、功能食品及个人护理品，产品呈现多样化、功能化、时尚化、方便化的特点[14,21]。

(8) 茶叶质量安全

开发出基于石墨烯和纳米技术的快速茶叶农药残留样品前处理技术[22-23]，基于微流控纸芯片的茶叶中多酚含量、农药残留速测技术等[24-25]；研究提出茶园农药选用的评价体系，构建了以茶汤中农药“有效风险量”制定MRL的新原则，修订6项国际茶叶的农药MRL标准，提出蒽醌等茶叶中危险物阻断技术，创制了新烟碱农药的单克隆抗体靶向识别现场快速检测技术和产品，研究成果获2019年度国家科技进步二等奖1项，使我国茶叶质量安全监管技术水平得到进一步提升[14]。

(9) 茶与健康

通过人体流行病学长期调查、体外试验或动物实验等，进一步证明绿茶等茶类有益健康的功能，特别是一些细分名茶的功效。研究发现，经常饮用绿茶可以显著减少因心血管和癌症死亡的风险[26]，黄大茶与绿茶、红茶相比，具有显著降血糖功效[27]，君山银针茶叶有较明显的降血脂和改善肝组织脂肪性损伤的作用[28]等；进一步明确功能性成分的健康功效，发现了一些茶叶功能性成分的潜在功效及作用机制。研究明确了普洱茶中茶褐素减轻高胆固醇血症的机制[29]，绿茶中 EGCG 抗癌[30]、抗衰老[31]、抗辐射[32]机制，茶氨酸抗癌[33]、茶黄素抑制骨溶解[34]等的机制，发现 EGCG 是治疗自身免疫性疾病的潜在化合物[35]等。

（10）茶业经济

建立了国家茶叶全产业链大数据中心，采集与定期编制发布《中国茶产业（杭州）指数报告》，茶产业经济研究从以生产端为主向消费市场研究拓展，产业政策支撑能力明显加强，智库作用逐渐发挥。

二、我国茶产业及茶学科发展趋势

1. 未来我国茶产业发展趋势

（1）茶产品市场需求趋向多元化

消费者对茶产品的需求将趋向优质化、特色化、便利化，对健康功能将更加关注，从过去单一饮茶向饮（料）茶、吃茶、用茶、玩茶、事茶等多用途方向转变。

（2）茶叶生产方式趋向现代化

人们对美好生活的向往，将加快茶叶生产从依赖过量使用化肥、化学农药向绿色生产方式的转变；劳动力短缺和生产成本不断攀升倒逼茶叶生产从劳动密集型向机械化、自动化、智能化方向转变。

（3）茶产业业态趋向多样化

茶业将从单一生产功能向生产、生态、生活“三生”融合发展，茶业一二三产业的融合，将不断延伸茶产业链，提升价值链。

2. 未来茶学科发展趋势

（1）与新兴学科融合加快茶学基础理论发展和技术创新

现代生物学理论和技术的快速发展，显著提升茶学基础研究水平，预期在茶树重要性状基因功能与遗传规律、茶叶品质形成转化与调控机理等方面的基础研究将取得显著进展，促进传统茶树育种向现代分子设计育种的转变，带动茶树培育、加工技术的突破；信息技术、大数据和人工智能的发展将促进茶叶从传统的农业生产向精准农业、从农产品初加工向自动化、数字化、智能化、定向化精准加工的升级改造。

（2）与生命健康学科的交叉发展催生茶学研究新热点

近10余年来，茶叶健康功能的研究快速发展，伴随着生物组学、营养组学和高通量筛选等技术的发展与应用，茶叶功能成分鉴定、评价、利用的研究将继续成为未来茶学研究的热点和重点，在此方面的突破必将催生形成茶叶功能利用新的生长点，为茶产业未来可持续发展提供重要支撑。

（3）综合和集成解决方案成为茶业技术发展的重要方向

伴随着我国茶产业向中西部的快速转移，新产区茶业发展将面临新的技术问题。当前茶叶产业普遍存在的名优茶机采率低、茶叶质量安全隐患等突出问题，以及茶业一二三产业融合发展的技术需求，都难以靠某个领域的研究群体、某单一方面技术突破来解决，客观要求不断加强茶学各学科方向和领域间协同创新，通过多学科、多领域联合攻关，提出综合和集成的解决思路和方案。

三、茶产业发展对科技的需求

我国茶产业发展面临的机遇和挑战，对茶叶科技进步提出了新的要求，同时也说明未来茶叶科技大有潜力、大有可为。

1. 劳动力短缺、生产成本升高短期内将不可逆转，茶产业急需实现“机器换人”

茶产业是劳动密集型产业。近年来，采茶工短缺的产区占比越来越高，部分地区采工短缺矛盾已十分突出；现有生产方式依赖大量劳动力投入，茶园生产资料成本逐年增加，茶叶生产成本持续上涨，茶叶人工成本占比将会越来越高，茶叶利润出现天花板。破解这些难题，亟须改变生产作业方式，发展茶叶高效节本田间生产技术、名优茶机采机制技术、茶园作业机械化和自动化技术以及茶叶加工机械化、自动化、智能化技术，促进茶叶生产从依赖过量使用化肥、化学农药向绿色生产方式的转变，从劳动密集型向机械化、自动化、智能化方向转变。

2. 为确保茶产品的质量安全和减轻对环境的存载压力，茶产业急需向绿色高效方向发展

茶叶生产过程中肥料、农药等生产投入品的不合理施用对环境，如土壤、水源等的累积影响可能将在未来凸显，茶叶加工过程中能源的不当选择和茶叶深加工过程中有毒有害溶剂的使用都有可能对茶产品和周边环境造成一定的影响。解决这些问题，急需选育高抗、高肥效品种，研发茶树绿色高效低碳栽培技术、茶园病虫害绿色防控技术、茶叶节能清洁化加工关键技术、深加工产品绿色提制技术以及茶产品质量安全快速、低成本、精准检测技术和茶叶中农药残留、重金属元素、环境污染物的风险评估技术等，以保障茶产品质量安全，减轻对环境的存载压力。

3. 产品结构性过剩将会在未来一定时期存在，茶产业急需向稳面积、调结构、增效益方向发展

近年来茶产业规模持续扩张，茶产品结构性过剩压力不断加大，急需促进茶树品种和茶叶产品品类结构调整；要进一步加强茶叶营养健康评价、营养富集调控技术、产品定向加工、功能挖掘与资源高效多元化利用新技术研究，研制高值化、个性化营养健康茶产品，拓展茶叶多元化利用，从供给端发力，满足消费者对茶产品趋向优质化、特色化、便利化的需求，推动茶叶从过去单一饮茶向饮茶、吃茶和用茶等多用途方向转变。

4. 茶产业业态趋向多样化，急需多学科交叉和综合集成技术支撑发展

茶业“三产”“三生”融合发展，对茶叶科技提出了新的要求，单一学科技术已经难以满足发展需求，需要把“茶文化、茶产业、茶科技”统筹起来，走

依靠多学科协同攻关、区域综合集成发展的技术创新路径，推动茶产业高质量健康发展。

四、“十四五”茶叶科技发展建议

按照“四个面向”要求，以“提升茶叶科技高水平自立自强和支撑茶产业高质量发展”为目标，以实施“五大行动”任务为抓手，力争在茶学基础前沿和茶叶绿色发展、智慧发展、质量安全、营养健康等领域取得一批原创性科学发现、重大关键技术突破和重大产品创新，高效支撑我国茶学一流学科建设和乡村振兴战略的实施。

1. 实施学科创新能力提升行动

一是进一步完善茶学学科体系，大力布局和促进新兴交叉学科方向建设，培育“茶业数字化”“茶业智能化”等研究方向，发展壮大“茶与健康”等研究方向；二是促进新兴学科与传统学科融合发展建设，推动现代生物技术、新材料技术、智慧技术等新兴学科与茶学传统学科方向的融合发展，提升创新能力；三是推动茶文化、茶产业、茶科技统筹发展研究，满足新时期我国茶产业进入新发展阶段、贯彻新发展理念、构建新发展格局和实施乡村振兴对茶叶科技的新需求。

2. 实施种业创新能力提升行动

“一粒种子可以改变一个世界”。种子是农业的“芯片”，打赢种业翻身仗，技术创新是关键。一是加强茶树种质资源收集、精准鉴定与利用。加强重点区域种质资源收集保存利用，开展高通量、智能化表型信息采集与组学大数据分析等精准鉴定技术研究；发掘、创制一批具备抗病虫、特异功能性成分等重要性状的新种质。二是加快茶树高效育种技术创新。研发建立茶树高效遗传转化技术体系，开展基因编辑技术、全基因组选择育种等育种新技术研究，推动茶树从传统育种向精准定向育种方向发展。三是开展突破性品种选育。开展适合机采的优质、高产和高抗新品种选育，开展适合绿色生态茶园建设的抗病虫、高肥效新品种选育，开展区域名茶专用品种选育，开展满足消费新需求的专用新品种选育等。

3. 实施茶叶优质安全与营养健康提升行动

围绕绿色发展理念，重点开展茶园省力节本高效生产技术研究及产品研制，茶园区域性暴发性害虫和病害绿色防控技术与产品研究，名优茶机采机制关键技术及装备研制，茶叶风险因子产地快速检测技术与产品研究，集成建立茶叶高效绿色安全生产加工技术模式；构建不同品种、不同产地的茶产品评价和溯源系统，建立新“三品一标”全程质量控制生产体系；开展茶叶营养健康功效评价及关键成分互作效应研究、多元化营养健康特色茶产品的智造技术、茶叶营养健康成分含量的快速检测技术及评价体系研究，建立茶产品营养健康评价体系，提出功能成分富集与高效利用技术，创制新型营养健康茶产品，满足人民群众日益增长的美好生活需要。

4. 实施数字茶业建设行动

针对我国茶园田间生产机械化水平不高以及茶叶生产和加工数字化、智能化水平低，导致生产用工成本高、产品品质不稳定等问题，基于农机、农艺技术融合的研究思路，采取专用化、轻量化、电控化和数字化设计理念，结合茶树品种、茶树生理、茶园种植、土壤和加工等农艺特性角度协同突破，系统开展茶叶生产、加工全程数字化、智能化关键技术装备研究，构建茶园、茶叶、加工品质和机械装备的协同智能制造体系，减少对劳动力的过度依赖，提高我国茶叶生产加工效能和数字化、智能化水平。

5. 实施茶产业区域协调发展行动

为巩固拓展脱贫攻坚成果，做好脱贫攻坚与乡村振兴的有效衔接，重点在秦巴山区、武陵山区、大别山区、乌蒙山区等茶区，根据区域生态资源特点和产业存在的问题，综合集成应用先进技术，研究提出适宜区域发展的茶叶绿色高效生产模式，建立茶产业特色乡村振兴示范区，为实现区域茶产业提质增效和实施乡村振兴提供强有力的科技支撑。

参考文献

[1] WEI C L, YANG H, WANG S B, et al. Draft genome sequence of *Camellia sinensis* var. *sinensis* provides insights into the evolution of the tea genome and tea quality [J]. Proceedings of the National Academy of Sciences , 2018, 115 (18): 4151-4158.

[2] WANG X C, FENG H, CHANG Y X, et al. Population sequencing enhances understanding of tea plant evolution [J/OL]. Nature Communications, 2020, 11 (1): 4447. https://doi. org/10. 1038541467-020-18228-8.

[3] ZHANG Q J, LI W, LI K, et al. The chromosome-level reference genome of tea tree unveils recent bursts of non - autonomous LTR retrotransposons in driving genome size evolution [J]. Molecular Plant, 2020, 13 (7): 935-938.

[4] ZHANG W Y, ZHANG Y J, QIU H J, et al. Genome assembly of wild tea tree DASZ reveals pedigree and selection history of tea varieties [J]. Nature Communications, 2020, 11 (1): 693-704.

[5] XIA E H, TONG W, HOU Y, et al. The reference genome of tea plant and resequencing of 81 diverse accessions provide insights into its genome evolution and adaptation [J]. Molecular Plant, 2020, 13 (7): 1013-1026.

[6] ZHANG Y H, LI Y F, WANG Y J, et al. Identification and characterization of N9-methyltransferase involved in converting caffeine into non-stimulatory theacrine in tea [J]. Nature Communications, 2020, 11 (1): 1-8.

[7] WEI K, WANG L Y, ZHANG Y Z, et al. A coupled role for *CsMYB75* and *CsGSTF1* in anthocyanin hyperaccumulation in purple tea [J]. Plant Journal, 2019, 97 (5): 825-840.

[8] JIN J Q, LIU Y F, MA C L, et al. A novel *F3'5'H* allele with 14 bp deletion is associated with high catechin index trait of wild tea plants and has potential use in enhancing tea quality [J]. Journal of Agricultural and Food Chemistry, 2018, 66 (40): 10470-10478.

[9] DAI X L, LIU Y J, ZHUANG J H, et al. Discovery and characterization of tannase genes in plants: roles in hydrolysis of tanninsa [J]. New Phytologist, 2020, 226 (4): 1104-1116.

[10] JIN J Q, CHAI Y F, LIU Y F, et al. Hongyacha, a naturally caffeine-free tea plant

from Fujian, China [J]. Journal of Agricultural and Food Chemistry, 2018, 66 (43): 11311-11319.

[11] FU X M, LIAO Y Y, CHENG S H, et al. Nonaqueous fractionation and overexpression of fluorescent-tagged enzymes reveals the subcellular sites of L-theanine biosynthesis in tea [J]. Plant Biotechnology Journal, 2021, 19 (1): 98-108.

[12] WANG W, ZHU B Y, WANG P, et al. Enantiomeric trimethylallantoin monomers, dimers, and trimethyltriuret: evidence for an alternative catabolic pathway of caffeine in tea plant [J]. Organic Letters, 2019, 21 (13): 5147-5151.

[13] LIU G F, LIU J J, HE Z R, et al. Implementation of *CsLIS/NES* in linalool biosynthesis involves transcript splicing regulation in *Camellia sinensis* [J]. Plant, Cell & Environment, 2018, 41 (1): 176-186.

[14] 陈宗懋，刘仲华，杨亚军，等. 2019 年中国茶叶科技进展 [J]. 中国茶叶，2020, 42 (5): 1-12.

[15] 刘仲华. 茉莉花茶产业概况与创新发展 [J]. 中国茶叶，2021, 43 (3): 1-5.

[16] 俞燎远. 中国抹茶 [M]. 北京：中国农业科学技术出版社，2020.

[17] ZHU Y, LÜ H P, SHAO C Y, et al. Identification of key odorants responsible for chestnut-like aroma quality of green teas [J]. Food Research International, 2018, 108: 74-82.

[18] CHEN Q C, ZHU Y, DAI W D, et al. Aroma formation and dynamic changes during white tea processing [J]. Food Chemistry, 2019, 274: 915-924.

[19] KANG S Y, YAN H, ZHU Y, et al. Identification and quantification of key odorants in the world's four most famous black teas [J]. Food Research International, 2019, 121: 73-83.

[20] DAI W D, TAN J F, LU M L, et al. Metabolomics investigation reveals that 8-*C N-ethyl*-2-pyrrolidinone-substituted flavan-3-ols are potential marker compounds of stored white teas [J]. Journal of Agricultural and Food Chemistry, 2018, 66 (27): 7209-7218.

[21] 李大祥，张正竹，夏涛，等. 2017 中国茶产业科技进展发展报告 [J]. 茶业通报，2018, 40 (4): 157-174.

[22] ZHANG M L, CHEN H P, ZHU L, et al. Solid-phase purifification and extraction for the determination of trace neonicotinoid pesticides in tea infusion [J]. Journal of Separation Science, 2016, 39 (5): 910-917.

[23] ZHANG M L, MA G C, ZHANG L, et al. Chitosan-reduced graphene oxide composites with 3D structures as effective reverse dispersed solid phase extraction adsorbents for pesticides analysis [J]. Analyst, 2019, 144 (17): 5164-5171.

[24] HAO Z X, ZHENG Q Q, JIN L L, et al. Rapid measurement of total polyphenol content in tea by kinetic matching approach on microfluidic paper-based analytical devices [J/OL].

Food Chemistry，2020,342（18）128368. https：//doi. org/10. 1016/j. foodchem. 2020.

[25] JIN L L，HAO Z X，ZHENG Q Q，et al. A facile microfluidic paper-based analytical device for acetylcholinesterase inhibition assay utilizing organic solvent extraction in rapid detection of pesticide residues in food [J]. Analytica Chimica Acta，2020，1100：215-224.

[26] LIU J X，LIU S W，ZHOU H M，et al. Association of green tea consumption with mortality from all-cause，cardiovascular disease and cancer in a Chinese cohort of 165 000 adult men [J]. European Journal of Epidemiology，2016，31（9）：853-865.

[27] HAN M M，ZHAO G S，WANG Y J，et al. Safety and anti-hyper- glycemic efficacy of various tea types in mice [J/OL]. Scientific Reports，2016. https：//doi. org/10. 1038/srep31703.

[28] 马蕊，林勇，阳琼芳，等. 君山银针茶对高脂血症小鼠的降血脂和改善肝组织损伤作用 [J]. 基因组学与应用生物学，2017，36（8）：3346-3351.

[29] HUANG F J，ZHENG X J，MA X H，et al. Theabrownin from Pu-erh tea attenuates hypercholesterolemia via modulation of gut microbiota and bile acid metabolism [J/OL]. Nature Communications，2019. https：//doi. org/10. 1038/s41467-019-12896-x.

[30] ZHAO J，BLAYNEY A，LIU X R，et al. EGCG binds intrinsically disordered N-terminal domain of *p*53 and disrupts *p*53-MDM2 interaction [J/OL]. Nature Communications，2021，12（1）. https：//doi. org/10. 1038/s41467-021-21258-5.

[31] XIONG L G，CHEN Y J，TONG J W，et al. Epigallocatechin-3-gallate promotes healthy lifespan through mitohormesis during early-to-mid adulthood in caenorhabditis elegans [J]. Redox Biology，2018，14：305-315.

[32] XIE L W，CAI S，ZHAO T S，et al. Green tea derivative（-）-epigallocatechin-3-gallate（EGCG）confers protection against ionizing radiation-induced intestinal epithelial cell death both *in vitro* and *in vivo* [J]. Free Radical Biology and Medicine，2020，161：175-186.

[33] XIN Y Q，BEN P L，WANG Q，et al. Theanine，an antitumor promoter，induces apoptosis of tumor cells via the mitochondrial pathway [J]. Molecular Medicine Reports，2018，18（5）：4535-4542.

[34] HU X Y，PING Z C，GAN M F，et al. Theaflavin-3，3′-digallate represses osteoclastogenesis and prevents wear debris-induced osteolysis via suppression of ERK pathway [J]. Acta Biomaterialia，2017，48：479-488.

[35] LIU Z S，CAI H，XUE W，et al. G3BP1 promotes DNA binding and activation of cGAS [J]. Nature Immunology，2019，20（1）：18-28.

（撰稿：姜仁华，熊兴平，姚明哲）

茶树生物学“十三五”进展及“十四五”发展方向

茶树是山茶科（Theaceae）山茶属（*Camellia*）茶组植物，富含茶氨酸、儿茶素、咖啡碱等特征性次生代谢物，是我国重要的经济作物。茶树生物学的研究内涵主要是以茶树为研究对象，综合运用植物遗传学、生理学、生物化学、分子生物学和组学等学科的理论与技术，通过挖掘关键基因，解析生化功能，揭示分子机理，构建调控网络，为认识茶树生命规律及发展未来茶叶科技提供科学指导。科技创新是产业高质量发展的核心驱动力，茶产业的发展离不开茶科技的赋能，其中加强茶树基础生物学研究是关键。近5年来，以产业发展需求为导向，我国茶叶工作者凝心聚力，在茶树基础生物学研究上取得了可喜的成绩，特别是在茶树基因组解析、重要功能基因分离克隆、次生代谢产物合成/调控及其生理功能、抗逆新机制解析等领域取得了重要进展。

一、“十三五”期间主要研究进展

1. 解析茶树及其野生近缘种基因组

茶树（*Camellia sinensis*）分为狭义和广义两种。狭义上的茶树主要指的是广泛种植的栽培茶树茶原变种（*C. sinensis* var. *sinensis*）与阿萨姆变种（*C. sinensis* var. *assamica*）[1]。广义上指的是山茶属之茶组植物（section *Thea*），共计12种，除栽培型茶树原变种与阿萨姆变种外，还有许多诸如大理茶（*C. taliensis*）、厚轴茶（*C. crassicolumna*）等茶树的野生近缘种。"十三五"期间，我国涉茶高校和科研院所在茶树基因组研究领域取得了系列进展，推动茶树功能基因组学、茶树起源和遗传多样性、茶叶特征性次生代谢物形成机理等重大基础生物学问题的研究，促进了世界对茶的认识、传播和利用。

（1）解析了茶树阿萨姆变种的基因组

茶树阿萨姆变种是我国西南地区及周边国家的主要栽培型茶树，属乔木型，叶大，适制红茶和普洱茶。2017 年 6 月，中国科学院昆明植物研究所高立志团队以云抗 10 号茶树品种为材料，解析了栽培茶树阿萨姆变种的参考基因组，开启了茶树基因组学研究的序幕[2]。研究发现，茶树阿萨姆种基因组大小约为 3.02 Gb，重复序列含量极高，约占整个基因组的 80.90%，其中 LTR 转座子长期缓慢扩增是导致茶树基因组变大的主要原因。茶树基因组近期曾经发生过一次全基因组重复事件，并且通过显著性地扩增与黄酮、萜类物质生物合成及抗病基因来影响其儿茶素含量分布、茶叶风味和茶树的全球生态适应性。研究还对 25 种山茶属代表性植物的儿茶素类化合物、茶氨酸和咖啡碱含量进行测定发现，茶组植物和非茶组植物在儿茶素类化合物和咖啡碱含量上差异明显；进一步基因表达和进化分析表明，儿茶素类化合物代谢通路和咖啡碱代谢通路基因的表达模式和序列变异可能是造成该现象的主要原因，与茶叶的品质和适制性密切相关。

（2）解析了茶树原变种的基因组

茶树原变种是目前栽培最为广泛的茶树类型，具有叶小、分布广、适制性高等特点。2018 年 3 月，安徽农业大学宛晓春团队以舒茶早为材料破译了茶树原变种的基因组[3]。通过比较基因组学分析发现，栽培茶树与猕猴桃的物种分化时间大约发生在 8 000 万年前，茶树原变种与阿萨姆变种的物种分化时间发生在 38 万~154 万年前。与阿萨姆变种类似，茶树原变种基因组近期曾发生过一次全基因组重复事件，且该事件及后续串联复制导致了大多数次生代谢相关基因拷贝数显著扩增。研究还首次发现并证实了一个参与茶氨酸合成的关键酶基因（*CsTSI*）具有体外合成茶氨酸的酶活性。中国农业科学院茶叶研究所陈亮团队和安徽农业大学宛晓春团队还分别对茶树舒茶早基因组组装的连续性和基因注释的完整性进行了提升，获得了茶树全基因组重复事件对茶叶品质和抗性形成深入的认识[4-5]。

2020年4月，宛晓春团队进一步以舒茶早为材料，利用单分子测序和染色体构象捕获技术，获得染色体级别的茶树原变种参考基因组序列，与前期报道的茶树基因组草图相比，该基因组组装的准确性与完整性都得到极大的提升[6]。基于高质量的茶树参考基因组序列，研究发现茶树基因组高含量的重复序列不仅是其基因组庞大的主要原因，而且还可通过内含子插入使得基因平均长度增加和部分重复基因的功能发生分化。该研究还通过对国内外81份代表性茶树样品进行深度测序，构建了首张代表性栽培型和野生型茶树的基因组变异图谱，发现所选取样品被清晰地分为阿萨姆类型、中国种类型和野生类型；来自国内不同地区的茶树遗传多样性研究结果支持了我国茶树的西南起源假说，同时鉴定得到一些与茶叶品质和茶树抗逆性密切相关的候选驯化基因，为我国未来茶树优异种质资源的科学保护、茶树重要农艺性状基因发掘、茶叶健康功效成分开发利用和遗传育种研究提供了高质量数据资源和理论依据。2020年4月，以碧云为材料，华南农业大学高立志团队获得了茶树原变种碧云染色体级别的参考基因组[7]。该研究通过系统鉴定茶树全基因组范围内的转座子，绘制了茶树基因组重复序列的全景图，发现茶树原变种和阿萨姆种基因组中LTR逆转录转座子经历了较为相似的进化历史。与长期而缓慢进化的LTR逆转录转座子Ty1-copia超家族不同的是，Ty3-gypsy超家族的少数家族（如Tat和Tekay）近100万年的快速扩增是茶树基因组变大的主要驱动力。该研究还发现非自治LTR逆转录转座子的迅速崛起主要是通过竞争性地利用同家族自治的LTR逆转录转座子的逆转录酶来完成转座和扩增的这一有趣现象，为今后深入认识植物LTR逆转录转座子的起源、变异、进化提供了新的思路。

2020年9月，中国农业科学院茶叶研究所杨亚军团队以龙井43为材料，利用自主开发的三代组装软件WTDBG结合Hi-C等技术，获得了茶树原变种龙井43约3.26 Gb的参考基因组，注释得到33 556个高质量的蛋白编码基因[8]。研究发现，大量与茶树抗病、风味代谢和自交不亲和相关的基因家族在龙井43基因组中发生了显著扩张，且与抗逆等相关基因受到强烈的正选择。以高质量的龙井43基因组为切入点，该研究还对来自世界不同国家和地区的共计139份代表性茶树材料进行了深度重测序，系统构建了栽培茶树的群体结构及其进化历史。

发现茶树栽培区域的扩张和引种驯化显著增加了茶树种群间的杂合性和基因流；揭示了茶树原变种和阿萨姆变种在驯化过程中的选择方向存在差异；相比阿萨姆变种，茶树原变种中与风味相关的萜烯类代谢基因和抗病基因在驯化过程中更倾向于受到强烈的选择。

2021 年 5 月，以乌龙茶适制品种黄棪为材料，福建农林大学叶乃兴团队利用第三代单分子测序技术结合 ALLHiC 算法，获得茶树原变种黄棪二倍体染色体级别基因组与单体型染色体级别基因组[9]。研究发现，乌龙茶品种黄棪与舒茶早和龙井 43 品种之间存在广泛的结构变异，包含大量诸如萜烯类合成酶等与香气途径相关的基因，可能与黄棪的高香品种特性有关。此外，福建农林大学刘仁义、杨贞标团队联合中国农业科学院茶叶研究所陈亮团队还利用 136 个代表性茶树资源的转录组和代谢组学数据，深入研究了茶树种群与特殊代谢物之间的关系，为阐明茶树中特殊代谢物的多样性形成机理奠定了基础[10]。

（3）解析了栽培茶树野生近缘种的基因组

2020 年 7 月，以采自云南保山深山中的一株野生茶树为材料，华中农业大学闻玮玮团队完成了首个高质量染色体级别的茶树野生近缘种 DASZ 基因组[11]。研究发现，相比舒茶早基因组，DASZ 基因组注释出更多的 *R* 基因，可能与其抗逆性密切相关。利用来源于中国 16 个省份共计 217 份茶树种质资源的转录组数据，研究还揭示了中国茶树育种中存在诸如福鼎大白茶和铁观音等数个骨干亲本；茶树种质资源间基因交流频繁，遗传多样性丰富。鉴定出 176 个与茶树儿茶素类化合物生物合成显著关联的遗传变异位点和关键基因。选择性清除分析发现，古茶树和栽培种在遗传和代谢水平上并未显著分化，暗示着茶树在风味品质上可能未受到长期定向的人工选择。此外，该团队还通过单精子测序技术构建了福鼎大白茶品种的全基因组单体型，为茶树和其他多年生木本植物的群体遗传分析、品种选育以及基因表达调控研究提供了新的思路[12]。

（4）构建了茶树基因组及生物信息学相关数据库

随着茶树基因组序列的公布，大量与茶叶品质形成及茶树生长生理相关的数据呈指数式增长，如何有效整合并加以利用这些数据，以促进茶树重大基础生物学问题的解决，是当前茶叶工作者面临的主要问题。为此，以茶树基因组图谱为框架，“十三五”期间先后构建了 TPIA（Tea plant information archive）[13]、Tea-PGDB（Tea plant genome database）[14]茶树基因组数据库。以茶叶代谢和健康功效数据为基础，分别构建了 TMDB（Tea metabolome database）[15]、TBC2health[16]、TBC2target[17]数据库。此外，茶树可变剪切数据库 TeaAS（Tea al-ternative splicing database）[18]近期也上线运行。茶树基因组及相关生物信息学数据库的搭建与开放运行，不仅有助于推动茶树功能基因组学、进化生物学和群体遗传学等研究，而且将进一步促进茶学基础研究领域的国际交流与合作。

2. 克隆了一批与茶叶品质和茶树抗性相关的功能基因

（1）克隆了茶氨酸合成的关键基因 *CsTSI*

茶氨酸是茶树特征性非蛋白质氨基酸，是茶树新梢芽叶中游离氨基酸的主要组成成分，占茶叶干重的 1%～2%，决定茶叶鲜爽味，具有松弛神经、减轻焦虑、增强免疫力等健康功效[19]。为了揭示茶氨酸的合成机理，研究人员在解析茶树原变种基因组的基础上，鉴定出 1 个控制茶树茶氨酸生物合成的关键酶基因 *CsTSI*（*Theanine synthetase*）[3]。该基因为谷氨酰胺合成酶Ⅱ型，编码 848 个氨基酸，与腐臭假单胞菌（*Pseudomonas taetrolens*）的 GS（*Glutamine synthetase*）基因序列高度相似。通过表达模式分析、乙铵诱导处理、转基因等实验均证明了 *CsTSI* 具有体外合成茶氨酸的酶活性。*CsTSI* 基因的克隆不仅为培育高茶氨酸茶树品种提供了一个重要新基因，也为揭示茶树茶氨酸调控的分子机制提供了新线索。

（2）克隆了苦茶碱合成关键基因 *CkTcS*

咖啡碱是成茶的主要苦味物质，在茶树体内主要通过“黄嘌呤核苷→7-甲基黄嘌呤核苷→7-甲基黄嘌呤→可可碱→咖啡碱”代谢途径合成。咖啡碱具有兴奋神经、祛除疲劳及增加心血管系统活动等健康功效，但摄入过量咖啡碱会引起一定的副作用[20]。因此，研究茶树咖啡碱代谢途径及其分子机理，培育低咖啡碱茶树新品种具有重要意义。咖啡碱与苦茶碱具有高度相似的化学结构。研究表明，咖啡碱可在诸如苦茶等稀有茶树中发生 C8 氧化和 N9 位置的甲基化修饰转化为苦茶碱[21]，但催化 N9 的甲基化酶和 C8 的氧化酶目前尚未报道。研究人员从普洱茶和苦茶中分离并克隆了一个控制茶树苦茶碱生物合成的重要基因 *CkTcS*（*Theacrine synthase*）[22]。该基因具有 N9-甲基转移酶活性，可利用 1,3,7-三甲基尿酸而不是咖啡碱作为底物合成苦茶碱，证实咖啡碱的 C8 氧化发生在 N9 甲基化之前。*CkTcS* 复合物的晶体结构解析进一步验证了 R226、I241 和 C270 是影响 *CkTcS* N9-甲基转移活性的关键氨基酸残基。*CkTcS* 基因的克隆为今后培育富含苦茶碱茶树新品种或通过微生物发酵合成苦茶碱奠定重要理论基础。

（3）克隆了芳樟醇/橙花叔醇合成关键基因 *Cs-LIS/NES*

芳樟醇和橙花叔醇是决定茶叶花甜香的关键物质。研究人员以高香茶树良种龙门香为材料，利用 *RT-PCR* 和染色体步移技术，克隆获得了控制茶树芳樟醇/橙花叔醇合成的关键基因 *CsLIS/NES*（*Linalool/nerolidol synthase*）[23]。该基因属茶树萜烯类合成酶基因，在茶树叶片和花中，可通过可变剪切形成全长（*CsLIS/NES-1*）和断头（*Cs-LIS/NES-2*）两个转录本，其蛋白产物分别定位于叶绿体和细胞质，前者催化芳樟醇的生物合成，而后者催化橙花叔醇的生物合成。研究还进一步发现，与植物中普遍存在的可变剪切转录本往往会发生功能丧失不同的是，茶树 *CsLIS/NES* 的 2 个可变转录本不仅功能没有丧失，而且表现出差异的时空表达特征。全长转录本在花中表达远低于断头转录本，但其表达水平受到茉莉酸甲酯等逆境信号物质的强烈诱导。*CsLIS/NES* 基因的克隆对增进茶叶香气品质的定向育种、栽培和加工技术具有重要的指导意义。

（4）克隆了参与茶树单宁化合物水解的关键基因 *CsTA*

茶树积累高含量的单宁化合物，它们与茶叶风味品质和健康功效密切相关。长期以来，调控茶树单宁化合物合成及水解的关键基因未有报道，是学界关注的焦点。研究人员以舒茶早为材料，利用多种酶纯化手段结合质谱分析，分离并克隆了 1 个参与茶树单宁化合物水解的关键基因 *CsTA*（Tannase）[24]。该基因属于单宁酰基水解酶家族，普遍存在于柿子、葡萄、草莓等富含单宁的植物中。基因功能实验证实它们参与调控酯型儿茶素、没食子单宁和鞣花单宁的代谢。研究还发现不同于微生物的单宁酶基因，植物的单宁酶基因具有独立的进化起源。茶树单宁酶 *CsTA* 基因的发现和克隆为茶树等富含单宁化合物的园艺作物品质调控和优良品种选育提供了理论依据。

此外，“十三五”期间，大量诸如*CsGS2*[25]、*AlaDC*[26]、*CBF*[27]、*CsWRKY2*[28]等与茶叶品质和抗性相关的基因也相继克隆。这些基因的克隆对深入认识茶树重要农艺性状形成的遗传基础具有重要意义，同时也为通过遗传改良培育优质、高产、多抗的茶树新品种提供了重要靶点。

3. 初步揭示茶树次生代谢的遗传调控网络

（1）茶树黄酮类化合物的分子调控网络解析

黄酮类化合物是广泛分布于植物界的次生代谢产物，主要包括查尔酮、黄酮、黄酮醇、黄烷双醇、花青素、缩合单宁及其他衍生物，其中花青素和黄酮醇是茶树器官着色和苦涩味的主要呈味物质，与茶叶品质和健康功效密切相关，是“十三五”期间茶树类黄酮化合物关注的热点。

花青素是许多红紫芽茶树品种（如紫娟）器官着色的主要物质，因其具有抗氧化、抗紫外和预防疾病发生等众多健康功效，其生物合成和调控备受学界关注。关于茶树花青素生物合成相关基因的分离与克隆已取得一定进展，但是对其调控机制的认识仍然有限。研究表明，大多数植物花青素的生物合成主要通过MYB-bHLH-WD40复合体进行调控[29]。Wei等[30]以茶树典型紫化品种紫娟为材料，利用QTL定位和转录组测序等手段，克隆了参与紫娟茶树品种花青素调控的关键基因*CsMYB75*和*CsGSTF1*。烟草过表达*CsMYB75*基因能够激活*CsGSTF1*基因的表达，证实*CsGSTF1*可参与茶树花青素苷的液泡转运。Jiang等[31]从茶树转录组中鉴定并克隆了*CsMYB5a*和*CsMYB5e*基因。Li等[32]从龙井43中分离克隆了*CsMYB4a*基因，发现*CsMYB4a*可以结合*CsC4H*、*Cs4CL*、*CsCHS*、*CsLAR*和*CsANR2*基因的启动子，调控茶树花青素的积累。研究还发现茶树花青素的生物合成亦受到DNA甲基化的调控，紫娟茶树品种的*CsAN1*基因启动子的甲基化程度与其花青素含量存在一定联系，*CsAN1*基因启动子低甲基化水平会导致紫娟芽叶中花青素的大量积累[33]。

茶树中的黄酮醇类物质占干重的3%~4%，多以糖苷形式存在。与儿茶素化合物类似，黄酮醇糖苷被认为是茶汤涩味的组成成分，具有抗辐射、抗氧化和抑菌消炎等作用[34]，但茶树黄酮醇糖苷合成调控的分子机理仍然不清楚。Liu

等[35]发现遮阴条件下，茶树鲜叶中黄酮醇、儿茶素类物质含量降低，黄酮类代谢途径基因（*CsCHS*、*CsF3′5′H*、*CsDFR*、*CsFLS* 及 *CsUGT* 等）转录水平显著下降，且与 UV-B 光信号转导途径基因表达高度相关。UV-B 光信号通过调控转录因子 CsHY5-CsMYB12 与 *CsFLS*、*CsUGT* 等基因启动子结合，调控黄酮醇糖苷与非酯型儿茶素类之间代谢流平衡，最终影响茶叶黄酮类物质积累[36]。类似地，Zhao 等[37]通过遮阴试验发现，遮阴可以显著改变茶树叶片中黄酮醇糖苷的含量。进一步分析发现，UV-B 辐射可以通过 CsbZIP1-CsMYB12 调控网络激活黄酮醇糖苷生物合成关键基因 *CsFLS* 和 *CsUGT78A14* 的表达，促进黄酮醇糖苷的生物合成。遮阴处理能够通过抑制 HY5-like CsbZIP1 活性，激活光信号蛋白 CsPIF3，进而上调黄酮类代谢途径的转录抑制子 *CsMYB4* 和 *CsMYB7* 基因表达，降低茶树中黄酮醇糖苷的生物合成[37]。

（2）茶树茶氨酸的分子调控网络解析

茶氨酸是赋予绿茶鲜爽滋味和健康功效的主要呈味物质，与绿茶品质呈显著正相关。近年来，关于茶氨酸生物合成途径的解析已取得一定进展，许多与茶氨酸生物合成相关的关键基因相继克隆。Wei 等[3]从茶树品种舒茶早中克隆了根部特异表达的茶氨酸合成酶关键基因 *CsTSI*。相比茶树根部组织，茶树的叶片组织尤其是嫩梢中也发现较高含量的茶氨酸，其含量积累可通过原位合成和根部运输实现。Fu 等[25]发现茶树细胞质和叶绿体是茶树嫩梢组织茶氨酸生物合成及分布的主要场所，证实 *CsGS1. 1* 和 *CsGS2* 是茶树叶片组织茶氨酸生物合成的关键酶基因，且其含量和分布受到光照的调控。除原位合成外，茶树叶片中茶氨酸的积累也可通过根部的长距离运输。Dong 等[38]通过酵母突变体文库筛选结合功能实验，分离并克隆了参与茶树茶氨酸转运的关键基因 *CsAAP1*（*Amino acid permease*）。该基因在茶树根中的表达模式与茶氨酸的运输季节及从根到新梢的运输效率高度相关，表明 *CsAAP1* 在茶树茶氨酸长距离运输过程中起到重要作用。Bai 等[26,39]还从茶树中分离克隆了丙氨酸脱羧酶基因 *AlaDC*（*Alanine decarboxylase*），该基因在茶树根中的表达水平显著高于叶片组织，可以催化丙氨酸脱羧生成乙胺，为茶氨酸的生物合成提供底物。Fu 等[40]也从茶树金萱品种中分离克隆到参与茶氨酸降解的关键基因 *CsPDX2. 1*（*Pyridoxine biosynthesis 2*）。进一步基因表达和体外酶活实验发现，该基因在白化茶树品种中的表达水平显著低于绿色茶树品种，可催化茶氨酸水解为乙胺和谷氨酸，表明 *CsPDX2.1* 基因具有体外水解茶氨酸的功能[40]。

与茶氨酸合成和转运基因分离克隆相比，茶树茶氨酸生物合成的分子调控机理研究起步较晚。Zhang 等[41]利用多组学数据构建了茶树茶氨酸代谢通路基因与转录因子的共表达网络，鉴定得到 14 个可能参与茶树茶氨酸生物合成调控的候选 MYB 转录因子，为今后茶氨酸调控网络解析奠定了重要的数据基础。Wen 等[42]从茶树品种白叶 1 号中克隆得到负调控茶氨酸生物合成的关键基因 *CsMYB73*。该基因属 R2R3 类型 MYB 转录因子，为核定位蛋白，其在茶树叶片发育过程中的表达模式与茶氨酸的积累模式呈负相关关系。进一步功能实验表明，*CsMYB73* 能够与 *CsGS1* 和 *CsGS2* 基因的启动子互作，通过抑制 *CsGS1* 和 *CsGS2* 的表达，负调控茶树茶氨酸的生物合成。Zhang 等[43]通过对茶树全长转录组进行测序和分析，鉴定得到一个参与茶树茶氨酸生物合成的正调控转录因子 *CsMYB6*，该基因可通过结合茶氨酸合成酶关键基因 *CsTSI* 的启动子，激活 *CsTSI* 的表达，正调控茶树茶氨酸的生物合成。

（3）茶树咖啡碱的分子调控网络解析

咖啡碱是茶叶的重要功能成分之一，具有兴奋和刺激神经的作用。茶树咖啡碱在体内的生物合成主要是以黄嘌呤核苷为底物，在 N-甲基转移酶类（N-methyltransferases，NMTs）的催化下以 S-腺苷-L-甲硫氨酸为甲基供体通过 3 步甲基化途径实现。茶树咖啡碱合成酶（Tea caffeine synthase）基因 *TCS* 属 NMTs，是茶树咖啡碱合成通路的关键基因，也是较早克隆和广泛研究的咖啡碱合成代谢通路基因[44]。该基因编码 369 个氨基酸，既可催化 7-甲基黄嘌呤转化为可可碱，也可催化可可碱转化形成咖啡碱。Jin 等[45]发现 *TCS1* 基因在茶组植物中具有多个等位变异，其中 *TCS1* 的第 269 位氨基酸残基对 *TCS* 的活性和底物识别中起着重要的作用。对来自中国 14 个省共计 44 个茶树品种的 *TCS1* 基因进一步比较分析发现，茶树 *TCS1* 基因的外显子区包含 31 个单核苷酸多态性位点（SNP），其中 SNP4318 的定点突变（His153Tyr）可显著提高茶树可可碱合成酶和咖啡碱合成酶的活性，验证了 SNP4318 变异与咖啡碱含量的关系[46]。

红芽茶和可可茶是两种以含可可碱而非咖啡碱为主的茶树物种。*HYC* 和 *CCT* 分别是红芽茶和可可茶的咖啡碱合成酶基因[47]。研究发现，*HYC* 和 *CCT* 均编码 365 个氨基酸，二者仅在第 227 位（Glu227Lys）和 287 位（Arg287His）存在 2 个氨基酸的差异[47]。重组蛋白酶活实验表明，*HYC* 和 *CCT* 均只能催化可可碱的形成而不能以可可碱为底物继续合成咖啡碱。进一步比对分析发现，*HYC* 和 *CCT* 的第 221 位氨基酸均为组氨酸（H），而栽培茶树的 *TCS1* 则为精氨酸（R），已有研究证明组氨酸在底物识别中扮演着重要的角色[48-49]，表明红芽茶和可可茶的咖啡碱合成酶基因编码蛋白第 221 位精氨酸突变为组氨酸（Arg221His）可能导致其 N-甲基转移酶的底物特异性发生变化，只能催化可可碱的形成而不能以可可碱为底物继续合成咖啡碱，造成可可茶和红芽茶等茶组植物咖啡碱合成酶终止合成咖啡碱，并使得可可碱在体内富集。类似地，Teng 等[50]对来自广西大瑶山境内的秃房茶的嘌呤生物碱分析发现，秃房茶同时含有可可碱、咖啡碱和苦茶碱 3 种嘌呤生物碱，但其中可可碱含量最高。研究进一步分离得到参与秃房茶可可碱生物合成的关键基因 *CgcTS*（*Theobromine synthase*），该基因定位于细胞核，可专一催化 7-甲基黄嘌呤转化为可可碱，其基因表达模式与秃房茶中可可碱的分布规律一致，且在嫩叶中的表达水平显著高于成熟叶。

4. 解析茶树次生代谢的生理功能

（1）发现香气糖苷物质应答茶树低温和病虫害的新功能

糖苷态香气前体（香气糖苷）是茶树重要的次生代谢物，主要由茶树糖基转移酶（UDP-glycos-yltransferases，UGTs）催化而成。研究表明，茶树香气糖苷在茶叶香气品质形成及茶树逆境胁迫应答中具有双重作用。Jing 等[51]通过茶尺蠖取食后的茶树与健康茶树交流试验，发现邻近茶树接触到受害茶树释放的挥发物质后，会提前启动自身的防御系统。进一步通过对受害茶树释放的挥发物质定量分析，结合外源挥发物质暴露实验，发现顺-3-己烯醇等香气物质在茶树个体间信号传导中发挥着重要作用。Jing 等[52]还通过生物化学及遗传学手段，在茶树中筛选到可高效转化顺-3-己烯醇的关键酶基因 *UGT85A53*，该基因可催化顺-3-己烯醇发生糖苷化，参与茶树的虫害防御反应。

研究发现，茶树香气糖苷物质还可参与茶树低温胁迫的防御反应。Zhao等[53]在茶树中分离克隆了可特异性催化橙花叔醇糖苷化的基因 *CsUGT91Q2*。茶树体内抑制该基因的表达可显著降低茶树橙花叔醇糖苷的积累及抗寒能力。外源施加橙花叔醇，可促进 *CsUGT91Q2* 的表达及茶树橙花叔醇糖苷的积累，并提高茶树的抗寒能力，表明橙花叔醇糖苷化在茶树低温胁迫应答中具有重要作用。进一步通过多种生理指标测定，发现 *CsUGT91Q2* 介导的橙花叔醇糖苷化可显著提高其清除活性氧（ROS）的能力，并通过上调冷胁迫相关转录因子 *CBF1* 的表达，激活茶树自身的抗寒机能。

（2）揭示芳香族挥发物吲哚防御茶树病虫害的生理功能

茶树在遭受到植食性昆虫为害时会释放特异性的挥发物，引发被害植株或邻近植株产生防御反应，提高茶树对植食性害虫的抗性[54]。Ye 等[55]研究了芳香族挥发物吲哚对茶树防御相关的早期信号、激素积累、次生代谢产物合成和植食性害虫抗性的影响。研究发现，茶树在遭受茶尺蠖幼虫取食后会大量释放吲哚。用生理浓度的吲哚处理茶苗后可以显著诱导茶树中钙离子信号、丝裂原活化蛋白激酶、茉莉酸合成等早期信号通路，通过提高茉莉酸、茉莉酸异亮氨酸以及防御相关次生代谢物的含量，增强茶树对茶尺蠖的抗性。进一步利用信号通路抑制剂结合生物学测定和代谢物分析，证实了钙离子和茉莉酸途径是吲哚引发茶树防御警备、提高茶树抗虫性的必需条件。

二、目前存在的问题及“十四五”发展方向

“十三五”期间，虽然我国茶树生物学研究取得了较大的进展，对推动我国茶产业的可持续发展和茶学科的进步起到了重要的支撑作用，但从整体来看，尤其与其他园艺植物和粮食作物相比，茶树基础生物学研究尚存在种质资源收集和利用不充分、次生代谢产物合成/调控及其生理功能认识有局限、逆境胁迫响应新机理待探索、茶树发育生物学研究相对滞后、高效稳定遗传转化体系及合成生物学等关键生物技术尚未建立等问题，建议“十四五”期间予以关注。

1. 加强茶树及其野生近缘植物种质资源的收集与保存

种质资源是茶树遗传改良的物质基础，其蕴含的遗传变异是决定育种效率的关键。我国是世界上最早发现并利用茶的国家，拥有丰富的茶树种质资源。近年来，尽管我国在茶树种质资源的调查、收集和保存方面做了大量工作，但相较于其他大宗作物，茶树种质资源的收集仍然存在类型单一、力度薄弱及资源利用不平衡、不充分等问题。目前全国大部分茶树种质资源圃还倾向于收集和保存大量茶树育成品种或品系，同质化明显且遗传多样性相对较低，鲜有茶树地方品种或野生近缘种的收集与保存。然而，与之形成对比的是，近年来野生茶树的茶叶制品被过度炒作，茶叶市场“野生茶”“古树茶”需求剧增，导致部分茶树野生近缘种群被过度采集，生境遭遇破坏。此外，茶树良种的大面积推广，也一定程度上压缩了一些遗传变异相对丰富的地方良种的生存空间，造成部分地方良种亦处于消失的边缘。因此，今后在茶树种质资源的收集工作中，建议重视加大对茶树地方品种和野生近缘种的收集与保存工作，特别是对一些生境已处于濒临破坏的资源重点进行抢救性收集和繁育，为今后茶树遗传育种奠定材料基础。

2. 解析茶树重要农艺性状形成的遗传基础

以茶树种质资源收集为依托，进一步突破茶树育种理论是实现茶树高效育种的关键，其核心是加快重要农艺性状相关功能基因的发掘，解析茶树重要农艺性状形成的遗传基础。基于基因型和表型数据进行大规模全基因组关联分析是目前解决该问题的有效途径，然而不管是从资源的收集到核心种质的构建，还是从基因型和表型数据的获取到生物信息数据的分析，还是从功能基因的验证到品种的育成和推广，均需凝聚各单位和各学科领域科研人员的力量。只有充分发挥领域和学科优势，才能力求在“十四五”阐明茶树重要农艺性状形成的遗传基础，明确茶树主要性状的遗传规律和相关基因的调控机制，这将有助于实现茶树育种理论的重大突破，为定向培育优质、高产、多抗的茶树多元化新品种夯实理论基础。

3. 进一步加强茶树次生代谢合成、调控及生理功能研究

茶树富含次生代谢物，是茶叶品质和抗性形成的物质基础。儿茶素类化合物、茶氨酸、咖啡碱、挥发性萜烯类等香气物质是茶树中重要的次生代谢物，不仅赋予了茶叶色、香、味等品质特征，而且对人体健康亦大有裨益。长期以来，茶树次生代谢物的生物合成与调控，一直是业内关注和研究的重点。近年来，虽然我国在茶树次生代谢生物合成和调控方面取得长足进展，许多参与茶树次生代谢合成的基因相继克隆，相关代谢通路的解析也相对清楚，但其潜在的调控机理及生理功能仍然不清楚。茶树富含儿茶素、咖啡碱、茶氨酸、挥发性香气物质等次生代谢物，除参与茶叶品质形成外，其潜在的生理功能仍需探索。今后，茶树次生代谢的研究应充分整合多维度生物数据，在进一步发掘次生代谢合成相关新基因的基础上，加大分子调控网络的解析，并探索次生代谢产物潜在的生理功能，特别是以健康和育种为导向，推进成果的产业化应用。

4. 探究茶树逆境响应的新机理

我国茶区分布较广，分布地形复杂，气候变化多样，造成茶树在自然生长过程中常常易受到诸如温度、病、虫害等众多逆境因子的影响。尤其近年来全球异常天气频发，茶树栽培过程中面临的气候灾害与病虫害的威胁亦日趋严峻。逆境已然成为影响茶树生长发育、产量及品质的重要因素，急需培育出抗逆优良茶树品种以满足茶叶生产上的迫切需求。深入认识茶树应答逆境胁迫的遗传机理是通过分子设计育种提高茶树抗逆性的前提。近年来，对茶树抗逆生理生化和基因发掘的研究已取得可喜成绩，但对其抗逆调控机制的研究尚处起步阶段。因此，今后茶树的抗逆研究仍需进一步加大茶树抗逆基因的发掘及其调控机制的解析工作，尤其注重相关研究的广度与深度，探究茶树抗逆新基因，解析抗逆新机制，为茶树抗逆育种和产业健康发展夯实理论基础。

5. 加强茶树发育生物学研究

发育生物学是研究生物个体发育规律和调控机理的科学。近年来，随着遗传

学、细胞生物学和分子生物学相关知识和技术的快速积累，植物发育生物学得到了迅猛发展，特别是在植物开花、配子体发育、传粉受精、胚胎发生、果实发育、根和茎端器官的发育方面取得了许多突破性进展[56]。茶树是我国重要的经济作物，然而相比其他模式植物或园艺作物，茶树的发育生物学研究进展也相对滞后。今后，茶树发育生物学研究应突出茶树个体发育和产业应用的特点，加大对茶树重要组织器官发育规律和调控机理的研究，特别是针对茶树叶用型的特点，加强茶树芽叶形成、叶色转变机理、表皮毛发育、根以及株型建成的研究，为更好理解并结合茶树发育的特点，实现茶树栽培和育种突破奠定理论基础。

6. 加快茶树遗传转化体系的建立

建立高效遗传转化体系对于茶树功能基因组学研究及其产业化应用至关重要。今后，茶树遗传转化体系的建立应借鉴其他作物成功的经验，整合全国相关单位组织培养和遗传转化的优势力量，在困扰当前茶树遗传转化体系构建的技术瓶颈，例如如何筛选合适的受体（茶树品种、组织器官、农杆菌菌株等），探索高效的转化方法（农杆菌介导、基因枪、纳米负载等），提高转化效率，达到缩短茶树遗传转化周期等技术上进行联合攻关，力争在短时间内，建立茶树高效、稳定的遗传转化体系，为茶树功能基因组学研究及其产业化应用提供稳定的遗传学材料和理论支撑。

参考文献

[1] MING T, BARTHOLOMEW B. Theaceae [M] //WU Z, RAVEN P. Flora of China. Beijing: Science Press, 2007: 366-478.

[2] XIA E H, ZHANG H B, SHENG J, et al. The tea tree genome provides insights into tea flavor and independent evolution of cafeine biosynthesis [J]. Molecular Plant, 2017, 10 (6): 866-877.

[3] WEI C L, YANG H, WANG S B, et al. Draft genome sequence of *Camellia sinensis* var. *sinensis* provides insights into the evolution of the tea genome and tea quality [J]. Proceedings of the National Academy of Sciences, 2018, 115 (18): 4151-4158.

[4] XIA E H, LI F D, TONG W, et al. The tea plant reference genome and improved gene annotation using long-read and paired-end sequencing data [J]. Scientific Data, 2019, 6 (1): 195-254.

[5] CHEN J D, ZHENG C, MA J Q, et al. The chromosome-scale genome reveals the evolution and diversification after the recent tetraploidization event in tea plant [J/OL]. Horticulture Research, 2020, 7 (1): 63. https://doi.org/10.1038/s41438-020-0288-2.

[6] XIA E H, TONG W, HOU Y, et al. The reference genome of tea plant and resequencing of 81 diverse accessions provide insights into its genome evolution and adaptation [J]. Molecular Plant, 2020, 13 (7): 1013-1026.

[7] ZHANG Q J, LI W, LI K, et al. The chromosome-level reference genome of tea tree unveils recent bursts of non-autonomous LTR retrotransposons in driving genome size evolution [J]. Molecular Plant, 2020, 13 (7): 935-938.

[8] WANG X C, FENG H, CHANG Y X, et al. Population sequencing enhances understanding of tea plant evolution [J/OL]. Nature Communications, 2020, 11 (1): 4447. https://doi.org/10.1038/s41467-020-18228-8.

[9] WANG P L, YU J X, JIN S, et al. Genetic basis of high aroma and stress tolerance in the Oolong tea cultivar genome [J/OL]. Horticulture Research, 2021, 8 (1): 107. https://doi.org/10.1038/s41438-021-00542-x.

[10] YU X M, XIAO J J, CHEN S, et al. Metabolite signatures of diverse *Camellia sinensis* tea populations [J/OL]. Nature Communications, 2020, 11 (1): 5586. https://doi.org/10.1038/s41467-020-19441-1.

[11] ZHANG W Y, ZHANG Y J, QIU H J, et al. Genome assembly of wild tea tree DASZ reveals pedigree and selection history of tea varieties [J]. Nature Communications, 2020, 11 (1): 693-704.

[12] ZHANG W Y, LUO C, SCOSSA F, et al. A phased genome based on single sperm sequencing reveals crossover pattern and complex relatedness in tea plants [J]. The Plant Journal, 2021, 105 (1): 197-208.

[13] XIA E H, LI F D, TONG W, et al. Tea plant information archive: A comprehensive genomics and bioinformatics platform for tea plant [J]. Plant Biotechnology Journal, 2019, 17 (10): 1938-1953.

[14] LET X G, WANG Y, ZHOU Y H, et al. TeaPGDB: tea plant genome database [J/OL]. Beverage Plant Research, 2021, 1: 5. https://doi.org/10.48130/BPR-2021-0005.

[15] YUE Y, CHU G X, LIU X S, et al. TMDB: A literature-curated database for small molecular compounds found from tea [J/OL]. BMC Plant Biology, 2014, 14 (1): 243. https://doi.org/10.1186/s12870-014-0243-1.

[16] ZHANG S H, XUAN H D, ZHANG L, et al. TBC2health: A database of experimentally validated health-beneficial effects of tea bioactive compounds [J]. Briefings in Bioinformatics, 2017, 18 (5): 830-836.

[17] ZHANG S H, ZHANG L, WANG Y J, et al. TBC2target: A resource of predicted target genes of tea bioactive compounds [J/OL]. Frontiers in Plant Science, 2018, 9: 211. https: //doi. org/10. 3389/fpls. 2018. 00211.

[18] MI X Z, YUE Y, TANG M S, et al. TeaAS: A comprehensive database for alternative splicing in tea plants (*Camellia sinensis*) [J/OL]. BMC Plant Biology, 2021, 21 (1): 280. https: //doi. org/10. 1186/ s12870-021-03065-8.

[19] SHARMA E, JOSHI R, GULATI A. L-theanine: An astounding sui generis integrant in tea [J]. Food Chemistry, 2018, 242 (1): 601-610.

[20] GROSSO G, GODOS J, GALVANO F, et al. Coffee, caffeine, and health outcomes: An umbrella review [J]. Annual Review of Nutrition, 2017, 37 (1): 131-156.

[21] ZHENG X Q, YE C X, KATO M, et al. Theacrine (1, 3, 7, 9-tetram ethyluric acid) synthesis in leaves of a Chinese tea, Kucha (*Camellia assamica* var. *Kucha*) [J]. Phytochemistry, 2002, 60 (2): 129-134.

[22] ZHANG Y H, LI Y F, WANG Y J, et al. Identification and characterization of N9-methyltransferase involved in converting caffeine into non-stimulatory theacrine in tea [J]. Nature Communications, 2020, 11 (1): 1-8.

[23] LIU G F, LIU J J, HE Z R, et al. Implementation of *CsLIS/NES* in *linalool* biosynthesis involves transcript splicing regulation in *Camellia sinensis* [J]. Plant Cell and Environment, 2018, 41 (1): 176-186.

[24] DAI X L, LIU Y J, ZHUANG J H, et al. Discovery and characterization of tannase genes in plants: Roles in hydrolysis of tannins [J]. The New Phytologist, 2020, 226 (4): 1104-1116.

[25] FU X M, LIAO Y Y, CHENG S H, et al. Nonaqueous fractionation and overexpression of fluorescent-tagged enzymes reveals the subcellular sites of L-theanine biosynthesis in tea [J]. Plant Biotechnology Journal, 2021, 19 (1): 98-108.

[26] BAI P X, WEI K, WANG L Y, et al. Identification of a novel gene encoding the specialized alanine decarboxylase in tea (*Camellia sinensis*) plants [J/OL]. Molecules, 2019, 24 (3): 540. https: //doi. org/10. 3390/molecules24030540.

[27] HU Z, BAN Q Y, HAO J, et al. Genome-wide characterization of the C-repeat binding factor (*CBF*) gene family involved in the response to abiotic stresses in tea plant (*Camellia sinensis*) [J/OL]. Frontiers in Plant Science, 2020, 11: 921. https: //doi. org/10. 3389/fpls. 2020. 00921.

[28] WANG Y, SHU Z, WANG W, et al. *CsWRKY2*, a novel *WRKY* gene from *Camellia sinensis*, *is involved in cold and drought stress responses* [*J*]. *Biologia Plantarum*, 2016, 60 (3): 443-451.

[29] ZHAO L, GAO L P, WANG H X, et al. The R2R3-MYB, bHLH, WD40, and related transcription factors in flavonoid biosynthesis [J]. Functional and Integrative Genomics, 2013, 13 (1): 75-98.

[30] WEI K, WANG L Y, ZHANG Y Z, et al. A coupled role for *CsMYB75* and *CsGSTF1* in anthocyanin hyperaccumulation in purple tea [J]. Plant Journal, 2019, 97 (5): 825-840.

[31] JIANG X L, HUANG K Y, ZHENG G S, et al. *CsMYB5a* and*CsMYB5e* from *Camellia sinensis* differentially regulate anthocyanin and proanthocyanidin biosynthesis [J]. Plant Science, 2018, 270 (1): 209-220.

[32] LI M Z, LI Y Z, GUO L L, et al. Functional characterization of tea (*Camellia sinensis*) MYB4a transcription factor using an integrative approach [J/OL]. Frontiers in Plant Science, 2017, 8: 943. https://doi.org/10.3389/fpls.2017.00943.

[33] SUN B M, ZHU Z S, CAO P R, et al. Purple foliage coloration in tea (*Camellia sinensis* L.) arises from activation of the R2R3-MYB transcription factor CsAN1 [J]. Scientific Reports, 2016, 6: 131-146. https://doi.org/10.1038/srep32534.

[34] ISEMURA M. Catechin in human health and disease [J/OL]. Molecules, 2019, 24 (3): 528. https://doi.org/10.3390/molecules24030528.

[35] LIU L L, LI Y Y, SHE G B, et al. Metabolite profiling and transcriptomic analyses reveal an essential role of UVR8-mediated signal transduction pathway in regulating flavonoid biosynthesis in tea plants (*Camellia sinensis*) in response to shading [J]. BMC Plant Biology, 2018, 18 (1): 233. https://doi.org/10.1186/s12870-018-1440-0.

[36] LIN N, LIU X, ZHU W, et al. Ambient ultraviolet B signal modulates tea flavor characteristics via shifting a metabolic flux in flavonoid biosynthesis [J]. Journal of Agricultural and Food Chemistry, 2021, 69 (11): 3401-3414.

[37] ZHAO X, ZENG X, LIN N, et al. CsbZIP1-CsMYB12 mediates the production of bitter-tasting flavonols in tea plants (*Camellia sinensis*) through a coordinated activator-repressor network [J]. Horticulture Research, 2021, 8 (1): 110.

[38] DONG C, LI F, YANG T, et al. Theanine transporters identified in tea plants (*Camellia sinensis* L.) [J]. The Plant Journal, 2020, 101 (1): 57-70.

[39] BAI P X, WANG L Y, WEI K, et al. Biochemical characterization of specific alanine decarboxylase (*AlaDC*) and its ancestral enzyme serine decarboxylase (SDC) in tea plants (*Camellia sinensis*) [J]. BMC Biotechnology, 2021, 21 (1): 17.

[40] FU X, CHENG S, LIAO Y, et al. Characterization of L-theanine hydrolase *in vitro* and subcellular distribution of its specific product ethylamine in tea (*Camellia sinensis*) [J]. Journal of Agricultural and Food Chemistry, 2020, 68 (39): 10842-10851.

[41] ZHANG S, CHEN Y, HE X, et al. Identification of MYB transcription factors regulating theanine biosynthesis in tea plant using omics-based gene coexpression analysis [J]. Journal of Agricultural and Food Chemistry, 2020, 68 (3): 918-926.

[42] WEN B, LUO Y, LIU D, et al. The R2R3-MYB transcription factor *CsMYB73* negatively regulates L-theanine biosynthesis in tea plants (*Camellia sinensis* L.) [J]. Plant Science, 2020, 298: 110546.

[43] ZHANG Y, LI P, SHE G, et al. Molecular basis of the distinct metabolic features in shoot tips and roots of tea plants (*Camellia sinensis*): Characterization of MYB regulator for root theanine synthesis [J]. Journal of Agricultural and Food Chemistry, 2021, 69 (11): 3415-3429.

[44] KATO M, MIZUNO K, CROZIER A, et al. Caffeine synthase gene from tea leaves [J]. Nature, 2000, 406 (6799): 956-957.

[45] JIN J Q, YAO M Z, MA C L, et al. Natural allelic variations of *TCS1* play a crucial role in caffeine biosynthesis of tea plant and its related species [J]. Plant Physiology and Biochemistry, 2016, 100: 18-26.

[46] JIN J Q, YAO M Z, MA C L, et al. Association mapping of caffeine content with *TCS1* in tea plant and its related species [J]. Plant Physiology and Biochemistry, 2016, 105: 251-259.

[47] JIN J Q, CHAI Y F, LIU Y F, et al. Hongyacha, a naturally caffeine-free tea plant from Fujian, China [J]. Journal of Agricultural and Food Chemistry, 2018, 66 (43): 11311-11319.

[48] YONEYAMA N, MORIMOTO H, YE C X, et al. Substrate specificity of N-methyltransferase involved in purine alkaloids synthesis is dependent upon one amino acid residue of the enzyme [J]. Molecular Genetics and Genomics: MGG, 2006, 275 (2): 125-135.

[49] JIN L, BHUIYA M W, LI M M, et al. Metabolic engineering of *Saccharomyces cerevisiae* for caffeine and theobromine production [J/OL]. PLoS ONE, 2017, 9 (8): el05368. https: //doi. org/10. 1371/ journal. pone. 0105368.

[50] TENG J, YAN C Y, ZENG W, et al. Purification and characterization of theobromine synthase in a theobromine-enriched wild tea plant (*Camellia gymnogyna* Chang) from Dayao Mountain, China [J/OL]. Food Chemistry, 2020, 311: 125875. https: // doi. org/ 10. 1016/j. foodchem. 2019. 125875.

[51] JING T T, DU W K, GAO T, et al. Herbivore-induced DMNT catalyzed by CYP82D47

plays an important role in the induction of JA-dependent herbivore resistance of neighboring tea plants [J]. Plant, Cell and Environment, 2021, 44 (4): 1178-1191.

[52] JING T T, ZHANG N, GAO T, et al. Glucosylation of (Z) -3-hexenol informs intraspecies interactions in plants: A case study in *Camellia sinensis* [J]. Plant Cell and Environment, 2019, 42 (4): 1352-1367.

[53] ZHAO M Y, ZHANG N, GAO T, et al. Sesquiterpene glucosylation mediated by glucosyltransferase UGT91Q2 is involved in the modulation of cold stress tolerance in tea plants [J]. New Phytol, 2020, 226 (2): 362-372.

[54] HU L F, ZHANG K D, WU Z W, et al. Plant volatiles as regulators of plant defense and herbivore immunity: Molecular mechanisms and unanswered questions [J]. Current Opinion in Insect Science, 2021, 44: 82-88.

[55] YE M, LIU M M, ERB M, et al. Indole primes defence signalling and increases herbivore resistance in tea plants [J]. Plant, Cell and Environment, 2021, 44 (4): 1165-1177.

[56] KONDO Y, SUGANO S S. Opening new avenues for plant developmental research [J]. Journal of Plant Research, 2018, 131 (1): 3-4.

（撰稿：夏恩华，韦朝领，宛晓春*）

* 通信作者。

茶树种质资源研究“十三五”进展及“十四五”发展方向

茶产业在我国茶区是乡村振兴的重要支柱产业之一。茶树种质资源是保障茶产业高质量发展的战略性资源，是茶科技原始创新、茶树育种和新产品开发的物质基础。我国是茶树的起源地，是世界上资源最丰富的国家。近年来，随着白叶1号、中黄系列黄叶茶和黄金茶等一批优异茶树资源的开发利用，有力地推动了我国茶产业的快速发展。简要总结茶树种质资源研究“十三五”期间取得的主要进展，分析存在的问题，并提出该领域“十四五”期间的发展方向，以为茶树种质资源研究提供参考。

一、茶树种质资源研究“十三五”进展

1. 茶树资源调查收集和保存

在茶树资源调查方面，2015—2020年开展了第三次全国农作物种质资源普查与收集行动，对湖南、浙江、福建、广东、广西、安徽等多省（区）的茶树种质资源进行了普查、调查、征集和收集。2010—2017年，蒋会兵等[1]对云南省12个地区58个县（市）的古茶树资源进行了全面普查，利用地理信息系统和统计学方法分析了云南古茶树资源种类组成、地理分布特征、生境类型及形态多样性，共调查古茶树资源分布点474个，记录样本2 570株。张丽娟等[2]对贵州省黔南州的茶树种质资源开展了调查工作，总结了黔南州茶树资源分布区域、

类型、农艺性状和适制性等，建立了茶树资源数据库。刘跃清等[3]在江西省系统开展野生茶树资源调查，明确了江西茶树资源的分布和特点。班秋艳等[4]对陕西安康市、汉中市12个地点的88份茶树种质资源主要表型性状的遗传多样性进行了研究。黄飞毅等[5]调查和收集了33份湖南莽山茶树资源，对其中的24份资源进行了生物学性状考察，对27份资源进行了品质成分分析。李苑菱等[6]在对海南岛自然分布的野生茶树资源全面开展调查工作的基础上，从种群径级结构、静态生命表、存活曲线等种群特征方面，以及野生茶种群空间分布格局与分布特征方面进行了分析研究。此外，茶树种质资源丰富或具有代表性茶组植物的区域，如云南云县白莺山、麻栗坡，广西金秀、德保、柳州元宝山，贵州纳雍、普安，广东潮州凤凰山等逐渐被茶叶科研机构关注，并开展了深入的茶树资源调查收集工作。通过资源考察，基本摸清了上述地区茶树种质资源的情况和分布特点。

在茶树资源收集、保存方面，中国农业科学院茶叶研究所“国家种质杭州茶树圃”和云南省农业科学院茶叶研究所“国家种质勐海茶树分圃”分别保存中小叶茶和大叶茶资源。经过多年系统考察收集和国外引进，截至目前，两圃已收集保存了9个国家的野生茶树、农家品种、育成品种、引进品种、育种材料、珍稀资源与近缘植物等3 700多份，包含了山茶属茶组植物所有的种与变种，是全球茶组植物遗传多样性涵盖量最大、种质资源最丰富的基因库。随着多个地方政府、茶叶科研单位和企业对茶树种质资源的逐渐重视，一批地方茶树种质资源圃已建成或正在建设。如由丽水市农业科学院承担的浙江省茶树种质资源圃于2016年开始筹划建设，资源圃位于松阳县赤寿乡楼塘村，占地14.53 hm^2，现已收集保存近2 000份茶树资源。除了种质圃保存，我国也非常重视原生境保存。近年来，农业农村部先后在广西融水县、贵州普安县、云南宁洱县、海南五指山市、云南勐海县等地批准建立了10余处国家级茶树种质资源原生境保护点。此外，各级地方政府也非常关注和重视茶树种质资源的原生境保护。2016年、2017年和2018年，云南省临沧市、贵州省和云南省普洱市分别制定了《临沧市古茶树保护条例》《贵州省古茶树保护条例》和《普洱市古茶树资源保护条例》。云南省云县白莺山地区是大理茶（*Camellia taliensis*）、阿萨姆茶（*C. sinensis* var. *assamica*）及中间过渡形态茶树广泛分布的区域，保存了二嘎子茶、本山茶、黑条子茶、白条子茶、勐库茶、藤子茶等 12 种野生型、栽培型和过渡型古茶树 200 多万株。2021 年 5 月 13 日，中国首家茶树演化自然博物馆在白莺山茶区挂牌。

2. 茶树起源驯化与遗传多样性

茶树是典型的自交不亲和植物，世代的异花授粉使我国茶树资源形成了丰富的遗传多样性。尽管茶树起源于中国西南地区的假说通过从云南发现的丰富茶树种质资源得到了一定的支持，但之前该假说尚缺乏足够的科学论证。Meegahakumbura 等[7]利用23 对核基因组微卫星（SSR）标记对采自中国和印度的 392 份茶树种质资源开展了栽培驯化起源研究，研究结果表明茶树表现出明显的地理分布格局，推测中国东部和南部地区很有可能是小叶茶的栽培驯化中心，而云南西部或南部与印度阿萨姆地区分别是中国大叶茶和印度大叶茶可能的栽培驯化中心。贵州位于中国的西南地区，境内分布着大量的茶组植物资源。Niu 等[8]以分布于贵州全境的 415 份茶树资源为材料，利用 GBS 简化基因组测序策略进行遗传多样性评估，显示栽培型茶树的多态性要明显高于野生型，最适宜茶树生长区域的资源遗传多样性要高于次适宜区和不适宜区。遗传结构分析结果显示野生型茶树和栽培型茶树出现明显的遗传差异，遗传变异分析显示野生型茶树与栽培型茶树有着较高的遗传分化，而栽培型古茶树和现代地方品种间遗传分化较小。

"十三五"期间，我国在茶树基因组研究领域取得了重要进展，推动了茶树起源驯化和遗传多样性等重大基础科学问题的研究。在高通量测序技术支持下，Wei 等[9]通过比较基因组学分析发现，栽培茶树与猕猴桃的物种分化发生在 8 000万年前，而茶树原变种与阿萨姆变种的物种分化发生在 38 万～154 万年前。Xia 等[10]通过重测序国内外 81 份代表性茶树资源，研究发现 81 份资源被清晰地分为阿萨姆变种、茶原变种和野生种，该结果支持了我国茶树的西南起源假说。Wang 等[11]对来自世界不同国家和地区的共计 139 份代表性茶树材料进行的重测序结果表明，茶树栽培区域的扩张和引种驯化显著增加了茶树种群间的杂合性和基因流，并且茶树原变种和阿萨姆变种在驯化过程中的选择方向存在差异，相比阿萨姆变种，茶树原变种中与风味相关的萜烯类代谢基因和抗病基因在驯化过程中更倾向于受到强烈的选择。Zhang 等[12]利用来源于中国 16 个省份共计 217 份茶树种质资源的转录组数据，研究揭示了中国主要茶树种质资源以福鼎大白茶、铁观音等为骨干亲本，并且茶树种质资源间基因交流频繁，遗传多样性丰富。Zhang 等[13]通过对 176 份（15 份大理茶和 161 份茶树）种质资源重测序数据分析，发现这些个体可以分为大理茶、阿萨姆茶和茶 3 个大组，其中阿萨姆茶可以分为古阿萨姆茶和栽培阿萨姆茶；而茶分为陕西、四川和江西，浙江和福建北部，福建南部，湖北、湖南和安徽等 4 个类群。同时发现阿萨姆茶遗传多态性高于茶，对 20 个茶组植物（12 个近缘种和 8 个茶树品种）的系统发育分析显示频繁的基因流在茶树及野生近缘种之间广泛存在。

此外，还基于遗传多样性参数分析，建立了茶树资源收集保护的取样策略和方法。如毛娟等[14]在云南云县白莺山野生茶树群体研究中，通过模拟不同样本数量，计算遗传多样性参数与样本量变化的回归曲线，发现当样本量达到 40 时，各种遗传参数才趋于稳定。黄丹娟[15]通过从 254 个中国茶树品种中随机抽取样本量分别为 50 个、100 个、200 个和 250 个品种，发现至少分别需要 20 对、25 对、30 对和 30 对 SSR 引物才能比较客观地反映出品种的遗传多样性。

3. 茶树优异资源的鉴定评价

优异茶树资源的发掘是资源研究的目的，是开展品种改良的基础，对茶产业的发展具有重要的意义。Wei 等[16]对 17 个茶树品种的 9 种代谢物进行测定，发现 1,2,6-三没食子酰基葡萄糖的含量为 0. 20%~4. 32%，其中有 2 份资源的含量高于 3. 00%，表明在部分资源中这类代谢物含量非常丰富。方开星等[17]从 218 份茶树资源中筛选获得了一批氨基酸特异的茶树资源，其中高茶氨酸茶树资源 13 份，不含茶氨酸的茶树资源 4 份。以 136 个代表性茶树资源为材料，Yu 等[18]深入解析了栽培种茶树群体与特殊代谢物之间的关系，基于 9 万多个高质量 SNP 和 100 多个差异代谢物将这些资源分为了 5 类，其中黄烷醇、黄酮醇单/双糖苷、原花青素二聚体等酚类代谢物为阿萨姆变种的特征代谢成分，该研究为阐明茶树中特殊代谢物的多样性形成机理奠定了基础。

我国茶树资源非常丰富，特别是野生茶树资源中常富含特异功能成分，亟待收集保存、鉴定评价和开发利用。Jin 等[19]在福建南部新发现一类低咖啡碱资源红芽茶，与南昆山毛叶茶相比，红芽茶在形态学上具有明显差异；代谢谱分析发现红芽茶资源基本不含咖啡碱，富含可可碱，顺式儿茶素 EGCG 等含量低、GCG 等反式儿茶素含量高，并且含有常规栽培茶树缺乏的原花青素 GC-GCG、四没食子酰基葡萄糖等特异成分。Jin 等[20]在福建还发现了同时富含苦茶碱、甲基化 EGCG 的秃房茶资源——白芽茶，同类型高功能成分还未有报道，这也是首次在福建发现秃房茶（*C. gymnogyna*）资源。陈涛林[21]综合采用形态分类学、解剖学、分子生物学和化学分类学等分析技术，对广西柳州元宝山茶饮植物进行了准确鉴定，并对其形态和化学组成作了较全面的解析，发现了数种特异的多酚类化合物。Meng 等[22]通过对防城茶的化学成分的研究，从中分离得到 11 个化合物，经鉴定结构其中 3 个为新的儿茶素二聚体，具有胰脂肪酶抑制活性。在广西白毛茶（*C. sinensis* var. *pubilimba*）[23]和云南昔归古树茶（*C. sinensis* var. *assamica*）[24]等茶树资源中，还鉴定出了 C-8*N*-乙基-2-吡咯烷酮取代的黄烷-3-醇类代谢物，该类化合物之前只发现于加工后储存一定时间的白茶等茶叶中。

4. 茶树种质资源的优异基因发掘

咖啡碱是成茶的主要苦味物质，具有兴奋神经、祛除疲劳及增加心血管系统活动等健康功效，但摄入过量咖啡碱会引起一定的副作用。因此，研究茶树咖啡碱代谢途径及其分子机理，培育低咖啡碱茶树新品种具有重要意义。Jin 等[25]克隆了茶树咖啡碱合成酶 1（TCS1）的 6 个等位基因，通过序列分析和定点突变，发现 TCS1 蛋白的第 269 位氨基酸对底物的选择性和咖啡碱合成酶活性起着重要作用。同时，Jin 等[26]利用关联分析发掘了 1 个与咖啡碱含量相关的功能 SNP 位点，并成功开发了 1 个 CAPS 标记。此外，Jin 等[19]从 2 种以含可可碱而非咖啡碱为主的野生茶树种质资源——红芽茶和可可茶中还克隆出相应的咖啡碱合成酶基因，发现相应的重组蛋白只有可可碱合成酶活性而无咖啡碱合成酶活性。Ogino 等[27]发现无咖啡碱的纯合个体的 *TCS1* 都有 1 个 TTC 三碱基的插入，可以作为低咖啡碱性状的筛选标记。

苦茶碱是天然存在的嘌呤类生物碱，具有抗抑郁、镇静催眠和抗炎镇痛等药理功效。此前研究表明，咖啡碱可在少数稀有茶树资源中发生 C8 氧化和 N9 位置的甲基化修饰转化为苦茶碱[28]，但催化 N9 的甲基化酶和 C8 的氧化酶目前尚未报道。2020 年，暨南大学何蓉蓉团队从云南苦茶中鉴定出 3 个 N9-甲基转移酶基因[29]。该研究通过原核表达、酶动力学、晶体结构和转录表达分析明确了苦茶碱合成酶（CkTcS）具有特异催化 1,3,7-三甲基尿酸生成苦茶碱活性，并且其第三十一位的苏氨酸是 CkTcS 特异结合 1,3,7-三甲基尿酸的重要氨基酸。此外，比较 *CkTcS* 在苦茶和普洱茶资源叶片中的转录表达结果发现，该基因在苦茶中的表达量显著高于普洱茶，推测这可能是造成苦茶碱含量在两种植物中差异显著的重要原因。

儿茶素是茶叶中的主要特征次生代谢产物之一，它们是茶风味和健康功效的主要决定因素。类黄酮 3′，5′-羟化酶（F3′5′H）是茶树黄烷-3-醇合成中的重要酶类，分别催化黄酮、黄烷酮、二氢黄酮醇和黄酮醇转化为 3′,4′,5′-三羟基化产物，是目前已知的细胞色素 P450 家族中催化 B-环 5′羟基化反应的唯一酶系。2017 年，Jin 等[30]通过研究 2 种不同遗传背景的群体（自然群体和 F1 分离群体）的基因型及儿茶素含量，发现茶树 *F3′5′H* 的基因型能解释高达 53.0%～74.3%的儿茶素指数〔CI，即二羟基儿茶素（ECG、EC）/三羟基儿茶素（EGCG、EGC）〕的表型变异，表明 *F3′5′H* 是 1 个调控儿茶素合成的关键基因。Jin 等[31]进一步发现兴义 6 号等资源中 *F3′5′H* 的启动子区域存在着 1 个 14 bp的缺失突变和多个 SNP，该序列变异造成其 *F3′5′H* 转录表达水平降低，并使其三羟基儿茶素积累较少。利用该 14 bp 的缺失突变，还开发了 1 个可以鉴定高 CI 茶树资源的 InDel 标记。Liu 等[32]也得到了类似的研究结果。

茶氨酸是茶树特征性非蛋白质氨基酸，在茶氨酸合成酶催化下，利用其前体物质乙胺和谷氨酸合成。2018 年，Wei 等[9]在构建舒茶早基因组时，鉴定出 1 个新的调控茶氨酸生物合成关键酶基因 *CsTSI*（*Theanine synthetase*）。该基因为谷氨酰胺合成酶Ⅱ型，编码 848 个氨基酸。通过表达模式分析、乙铵诱导处理、转基因等实验均证明了 *CsTSI* 具有体外合成茶氨酸的酶活性。乙胺作为茶氨酸的合成前体物质，在茶树根部由丙氨酸脱羧酶将丙氨酸脱去羧基生成。2019 年，Bai

等[33]从茶树中克隆出1个新的丝氨酸脱羧酶（SDC）基因，并被命名为丙氨酸脱羧酶基因（*CsAlaDC*）。该基因能够催化丙氨酸脱羧，在茶树根部的表达水平显著高于叶片。尽管已有大量研究发现茶氨酸主要从根部合成并随后转移至地上部，但其转移的分子机理始终未得到揭示。2019年，Dong等[34]同源克隆得到9个茶树氨基酸跨膜家族基因（*CsAAPs*），其中*CsAAP1*在茶氨酸从茶树根部向地上部运输中起到重要作用，该研究结果首次证实了*CsAAP*家族参与茶氨酸从根部向新梢的运输。

5. 茶树种质资源的创新利用

利用优异种质资源培育新品种是我国茶树育种研究的重要内容。截至目前，通过系统选育、人工杂交、辐射诱变等手段，共育成无性系新品种近300个，其中系统选育品种超过70%。特异资源的开发和利用已成为近年来推动茶产业发展的重要手段，展现出巨大的市场潜力。中国农业科学院茶叶研究所分别与浙江天台、缙云、龙游等地合作，利用当地的黄叶茶特异资源育成了中黄1号、中黄2号、中黄3号等黄叶茶新品种，已取得了显著的社会和经济效益。湖南地方品种资源保靖黄金茶的育种利用和生产开发同样产生了较好的社会效益和经济效益，有力推动了湖南茶产业发展。

随着更多功能基因的发掘、新型分子标记的开发以及对主要性状遗传规律的深入解析，分子设计育种将成为园艺作物遗传改良的主要方向。中国农业科学院茶叶研究所等单位开发出了鉴定高花青素、低咖啡碱、高苦茶碱和高二羟基儿茶素等性状的功能标记，并应用于种质创制和分子标记辅助选择育种。在茶树遗传转化及基因编辑等技术上，华南农业大学、湖南农业大学等单位进行了持续探索和攻关，基因编辑技术已应用于茶树基因的功能验证[35]。

二、茶树种质资源研究领域存在的问题

“十三五”是茶树种质资源领域发展较快的5年，取得了一定的突破。但也应该看到，茶树资源收集保存不够系统、缺乏精准深入的鉴定评价、资源发掘利

用不够深入、缺乏茶产业发展亟须的优异新种质等关键问题仍未得到很好解决。

1. 茶树资源收集保存不够系统

野生资源是研究茶树的起源演化、系统分类及遗传变异的重要材料，也是茶树种质创新和遗传育种的丰富基因源。由于受到市场追捧，野生茶树被直接采挖或过度采摘死亡，以及毁林种茶现象时有发生，同时野生茶资源因自身遗传特性限制，有性繁殖和无性繁殖都比较困难，其自然居群更新程度低，导致自然种群数量不断减少，我国一些珍稀野生茶树资源正逐渐变得稀少。此外，近年来优良无性系品种的大面积推广，一些特色地方群体品种已面临丢失的危险。茶作为世界上最重要的饮品之一，茶树起源演化和驯化一直是人们关注的热点，但当前我国保存的国外茶树资源数量较少，特别是缺乏老挝、缅甸、越南、印度东北部等南亚和东南亚的野生茶组植物，因此需要加强国际合作，收集引进国外的茶树种质资源。

2. 对茶树种质资源缺乏精准深入的鉴定评价，对重要农艺性状形成的规律认识不清

茶树重要农艺性状精准鉴定尚处起步阶段，对抗逆性和生化成分等的鉴定能力需要提升，缺乏高精度的变异组图谱，特别是对珍稀、野生茶树资源的鉴定评价较少、深度不够，这限制了茶树种质资源的广泛利用，造成在育种上进度缓慢、优良新种质少的现象。例如，由于不同遗传背景资源的茶树鲜叶中富含多样性的功能成分，目前非常缺乏对茶叶组分的全面准确鉴定与绝对定量。

同时，探明茶叶功能性成分及其医学保健功效，需在综合性交叉领域开展具有战略导向性的基础研究，涉及化学、生物学、医学等众多学科领域的交叉与综合。长期以来，受困于茶树生长周期长、一些性状受到环境的影响较大等因素，控制品质、抗性、发育等重要性状的遗传规律和调控机制多不明确，导致当前茶树种质创新利用有很大的盲目性和随意性。

此外，茶树虽已有 6 个不同资源染色体级别的参考基因组，但茶组植物内遗传变异大，很多决定特异功能组分和性状的基因在栽培茶树中不存在，如苦茶碱

合成酶基因，因此需要更多高质量的参考基因组图谱和茶树泛基因组。茶树种质资源整体变异丰富，但研究中发现资源圃中收集的栽培种茶树遗传变异较小，需进一步构建更加科学合理的茶树核心种质，最大程度地代表整个资源的遗传多样性，提高资源的鉴定和发掘效率。我们同时也注意到，由于茶树遗传背景复杂，不同研究对茶树是否经历驯化的结论明显不一致，因此今后相关研究在选择实验材料上要更加注重准确性和代表性。

3. 对茶树种质资源的发掘利用不够充分

茶树资源中具有重要应用价值的基因挖掘和利用不够深入，对育种研究的支撑作用还有待提升，如同时具有低咖啡碱、高缩合单宁等优异性状的特异资源南昆山毛叶茶等长期以来未能应用于茶树品种的遗传改良。尚未建立起创新种质中优异基因快速检测、转移、聚合和追踪的技术体系，对重要经济性状进行遗传改良存在着亲本选配盲目、鉴定周期长、成本高等问题。此外，由于缺乏高效的茶树转基因技术体系和成熟的基因编辑技术体系，导致茶树的研发能力明显滞后于柑橘、苹果等其他木本园艺植物。

4. 缺乏茶产业发展亟须的优异新种质

茶树种质创新现以常规杂交等传统方法为主，存在效率低、盲目性大等技术瓶颈，加上缺乏早期鉴定技术，导致研发周期长，茶树种质创新和新品种选育进展相对缓慢，尚不能满足茶产业快速发展对新品种的需求。近年茶产业同质化竞争逐渐加剧，对机采、多元化和专用特异茶树品种需求迫切。当前，除叶色变异（白化、黄化和紫化）和高茶氨酸等新品种外，其他类型的专用、特异品种较少。

三、茶树种质资源研究“十四五”重点发展方向

随着茶产业的发展，现有的茶树品种已难以满足消费者日益多样化的需求，因此需要进一步加强茶树种质资源研究，提高资源利用效率，进而加速茶树育种

进程，“十四五”在以下几个重点方向应予以关注。

1. 加大珍稀、濒危、特有、地方特色与国外茶树资源的收集保存

在扩建高水平茶树资源圃，增加资源保存数量和提高管理利用水平的同时，要继续加强茶树种质资源的收集和保存，加快查清茶树种质资源具体情况，加大珍稀、濒危、特有资源与地方特色品种收集力度，特别要重视茶树野生近缘种的调查、收集，确保茶树资源不丧失。系统开展濒危资源的调查和收集，解析其生存状况和濒危机制，建立异位和原生境保护相结合的保护体系。要加快完善国外资源的引进和保存体系，有针对性地引进各种具有育种和科学研究价值的茶树资源。

2. 加快茶树资源的精准、高通量鉴定评价

要根据保存资源的特性和研究需要进一步构建更加科学的茶树核心种质，浓缩茶树资源的遗传多样性。构建含更多代表性茶组植物（特别是尚未开展深入研究和新发现的野生近缘种）的泛基因组图谱，开展茶树起源与种质资源多样性研究，阐明野生种、地方品种和育成品种的演化关系。通过表型组学、代谢组学、基因组学、转录组学、蛋白组等多组学的研究，高通量和规模化鉴定茶树核心种质的表型、代谢物、基因型和基因表达，建立茶树生物多组学数据库，构建茶树的遗传变异图谱，揭示茶树遗传变异的主要形式，为解析多基因控制性状的遗传构成提供基础工具。选择遗传背景和性状差异明显的茶组植物建立遗传分离群体，在对农艺和品质性状开展精准评价的基础上，利用全基因组水平的高通量基因分型技术，深入剖析重要性状的遗传结构，分离关键基因并开展深入的功能分析，探索重要性状决定或调控的遗传学基础及网络，并开发基于功能基因的分子标记，建立优异茶树种质资源的早期筛选与鉴定技术体系。

3. 针对产业发展趋势和消费者需求加快茶树种质的创新利用

由于茶树种质创新利用的长期性，要瞄准未来 10~20 年茶产业的发展趋势，同时以满足消费者的需求为目标开展新种质创制。以“多元化利用”“轻简省

力”“节本增效”“提升质量安全”“具有地方特色”等为目标，高效创制功能成分特异、适合开发新兴茶饮料和超微茶粉、适合机采、营养高效、优质多抗、满足地方茶产业发展需求且综合性状优良、育种利用价值高的突破性新种质。规模化发掘优异基因和携带优异等位基因的种质，研究优异新种质多基因聚合技术，利用远缘杂交发掘利用野生近缘种中的优异基因。借鉴苹果、柿子、柑橘、桃等果树上的成功经验，使用胚培养、培养箱促使种子提早出苗、高效肥培管理技术加快幼年茶树生长、嫩枝嫁接、分子标记筛选等技术手段，将传统杂交与现代生物技术和分子标记辅助选择等有机整合，有效缩短育种周期和提高茶树种质创制效率。同时，通过嫁接扩大早期穗条数量、扦插时使用激素等技术措施加快新种质的繁育与利用。通过协作攻关建立起高效的茶树遗传转化技术体系，研发适用茶树的基因编辑载体，通过基因编辑技术定向创制新种质，进而快速改良茶树重要农艺性状，加速育种进程。探索野生茶树的快速从头驯化，为未来创制品质优、功能成分特异和抗性强的突破性茶树新种质开辟新的研究方向。

4. 建立起全国协作的茶树种质资源研究和利用体系

首先，需要稳定一支多学科交叉的从事茶树资源研究的人才队伍，建立从资源收集保存、鉴定评价到创新利用等多方面的协作网络，全面提升我国茶树资源的研究水平。同时，需要加快茶树种质资源共享平台的建设，建立茶树种质资源性状信息、分子数据和载体品种等信息数据库，促进资源整合、保护、共享和利用。加强茶树繁育、生产企业与茶叶科研单位、高等院校等公益性单位的联合协作，通过资源共享、人员共享和实验平台共享，加快茶树新品种的培育和推广力度。

参考文献

[1] 蒋会兵，唐一春，陈林波，等．云南省古茶树资源调查与分析［J］．植物遗传资源学报，2020，21（2）：296-307.

[2] 张丽娟，柳青，杨清．贵州省黔南州茶树种质资源优势及开发利用［J］．中国茶叶加工，2016（1）：38-41.

[3] 刘跃清，张斐斐，朱恩华，等．江西省茶树野生资源调查［J］．现代农业科技，

2020（20）：129-131，145.

［4］ 班秋艳，纪晓明，余有本，等．陕西茶树种质资源表型性状的遗传多样性研究［J］．安徽农业大学学报，2018，45（4）：575-579.

［5］ 黄飞毅，陈宇宏，刘伟，等．湖南莽山茶树种质资源调查与品质性状的遗传多样性分析［J］．植物遗传资源学报，2021，22（2）：328-337.

［6］ 李苑菱，张丽，杨小波，等．海南岛野生茶树空间分布及种群动态研究［J］．林业资源管理，2017（2）：81-87，138.

［7］ MEEGAHAKUMBURA M K，WAMBYLWA M C，THAPA K K，et al. Indications for three independent domestication events for the tea plant［*Camellia sinensis*（L.）O. Kuntze］and new insights into the origin of tea germplasm in China and India revealed by nuclear microsatellites［J/OL］. PLoS One，2016，11（5）：e0155369. https：//doi. org/10. 1371/journal. pone. 0155369.

［8］ NIU S Z，SONG Q F，KOIWA H，et al. Genetic diversity，linkage disequilibrium，and population structure analysis of the tea plant（*Camellia sinensis*）from an origin center，Guizhou plateau，using genome-wide SNPs developed by genotyping-by-sequencing［J/OL］. BMC Plant Biology，2019，19（1）：328. https：//doi. org/10. 1186/s12870-019-1917-5.

［9］ WEI C L，YANG H，WANG S B，et al. Draft genome sequence of *Camellia sinensis* var. *sinensis* provides insights into the evolution of the tea genome and tea quality［J］. Proceedings of the National Academy of Sciences，2018，115（18）：4151-4158.

［10］ XIA E H，TONG W，HOU Y，et al. The reference genome of tea plant and resequencing of 81 diverse accessions provide insights into its genome evolution and adaptation［J］. Molecular Plant，2020，13（7）：1013-1026.

［11］ WANG X C，FENG H，CHANG Y X，et al. Population sequencing enhances understanding of tea plant evolution［J/OL］. Nature Communications，2020，11（1）：4447. https：//doi. org/10. 1038/s41467-020-18228-8.

［12］ ZHANG W Y，ZHANG Y J，QIU H J，et al. Genome assembly of wild tea tree DASZ reveals pedigree and selection history of tea varieties［J］. Nature Communications，2020，11（1）：693-704.

［13］ ZHANG X T，CHEN S，SHI L Q，et al. Haplotype-resolved genome assembly provides insights into evolutionary history of the tea plant *Camellia sinensis*［J］. Nature Genetics，2021，53：1250-1259.

［14］ 毛娟，江鸿键，李崇兴，等．云南白莺山地区茶树遗传多样性研究［J］. 2018，38（1）：69-77.

［15］ 黄丹娟．我国茶树优良品种遗传多样性分析及指纹图谱构建［D］．北京：中国农

业科学院，2016：10-29.

[16] WEI K，HE F，LI H，et al. Gallotannin 1,2,6-tri-O-galloyl-β-D-glucopyranose：Its availability and changing patterns in tea（*Camellia sinensis*）[J]. Food Chemistry，2019，296：40-46.

[17] 方开星，姜晓辉，秦丹丹，等. 高氨基酸和高茶氨酸茶树资源筛选 [J]. 核农学报，2019，33（9）：1724-1733.

[18] YU X M，XIAO J J，CHEN S，et al. Metabolite signatures of diverse *Camellia sinensis* tea populations [J/OL]. Nature Communications，2020，11（1）：5586. https：//doi. org/10. 1038/s41467-020-19441-1.

[19] JIN J Q，CHAI Y F，LIU Y F，et al. Hongyacha，a naturally caffeine-free tea plant from Fujian，China [J]. Journal of Agricultural and Food Chemistry，2018，66（43）：11311-11319.

[20] JIN J Q，JIANG C K，YAO M Z，et al. Baiyacha，a wild tea plant naturally occurring high contents of theacrine and 3" -methyl-epigallocatechin gallate from Fujian，China [J]. Scientific Reports，2020，10（1）：1-9.

[21] 陈涛林. 广西元宝山一种特异茶饮植物的系统学鉴定与综合评价研究 [D]. 长沙：湖南农业大学，2020：188-191.

[22] MENG X H，LIU C，FAN R，et al. Antioxidative flavan-3-ol dimers from the leaves of *Camellia fangchengensis* [J]. Journal of Agricultural and Food Chemistry，2018，66：247-254.

[23] MENG X H，ZHU H T，YAN H，et al. C-8 *N*-ethyl-2-pyrrolidinone substituted flavan-3-ols from the leaves of *Camellia sinensis* var. *pubilimba* [J]. Journal of Agricultural and Food Chemistry，2018，66：7150-7155.

[24] CHENG J，WU F H，WANG P，et al. Flavoalkaloids with a pyrrolidinone ring from Chinese ancient cultivated tea Xi-Gui [J]. Journal of Agricultural and Food Chemistry，2018，66：7948-7957.

[25] JIN J Q，YAO M Z，MA C L，et al. Natural allelic variations of *TCS1* play a crucial role in caffeine biosynthesis of tea plant and its related species [J]. Plant Physiology and Biochemistry，2016，100：18-26.

[26] JIN J Q，YAO M Z，MA C L，et al. Association mapping of caffeine content with *TCS1* in tea plant and its related species [J]. Plant Physiology and Biochemistry，2016，105：251-259.

[27] OGINO A，TANIGUCHI F，YOSHIDA K，et al. A new DNA marker cafless-TCS1 for selection of caffeine-less tea plants [J]. Breeding Science，2019，69（3）：393-400.

[28] ZHENG X Q，YE C X，KATO M，et al. Theacrine（1,3,7,9-tetramethyluric acid）synthesis in leaves of a Chinese tea，kucha（*Camellia assamica* var. *kucha*）[J]. Phytochemistry，2002，60（2）：129-134.

[29] ZHANG Y H, LI Y F, WANG Y, et al. Identification and characterization of *N*9-methyltransferase involved in converting caffeine into non-stimulatory theacrine in tea [J]. Nature Communications, 2020, 11 (1): 251-253.

[30] JIN J Q, MA J Q, YAO M Z, et al. Functional natural allelic variants of flavonoid 3′, 5′-hydroxylase gene governing catechin traits in tea plant and its relatives [J]. Planta, 2017, 245: 523-538.

[31] JIN J Q, LIU Y F, MA C L, et al. A novel *F3′5′H* allele with 14 bp deletion is associated with high catechin index trait of wild tea plants and has potential use in enhancing tea quality [J]. Journal of Agricultural and Food Chemistry, 2018, 66: 10470-10478.

[32] LIU Y J, ZHAO G F, LI X, et al. Comparative analysis of phenolic compound metabolism among tea plants in the section *Thea* of the genus *Camellia* [J/OL]. Food Research International, 2020, 135: 109276. https: //doi. org/10. 1016/J. FOODRES. 2020. 109276.

[33] BAI P X, WEI K, WANG L Y, et al. Identification of a novel gene encoding the specialized alanine decarboxylase in tea (*Camellia sinensis*) plants [J/OL]. Molecules, 2019, 24 (3): 540. http: //doi. org/10. 3390/molecules 24030540.

[34] DONG C X, LI F, YANG T, et al. Theanine transporters identified in tea plants (*Camellia sinensis* L.) [J]. The Plant Journal, 2020, 101 (1): 57-70.

[35] MA W H, KANG X, LIU P, et al. The analysis of transcription factor *CsHB1* effects on caffeine accumulation in tea callus through CRISPR/Cas9 mediated gene editing [J]. Process Biochemistry, 2021, 101: 304-311.

（撰稿：金基强，张晨禹，马建强，陈亮*）

* 通信作者。

茶树遗传育种研究“十三五”进展及“十四五”发展方向

“一粒种子可以改变世界”，品种作为农业生产的重要物质基础，对产业的支撑作用巨大。在“十三五”期间，我国茶树遗传育种领域的发展取得了较为喜人的进展。同时，也应看到，在发展的过程中，无论在学科发展还是品种支撑产业发展上，还存在着一些“卡脖子”的问题。回顾我国“十三五”期间茶树遗传育种领域的进展，总结存在的一些问题，提出“十四五”的发展方向，可为茶树遗传育种工作提供参考。

一、茶树遗传育种研究“十三五”进展

1. 茶树遗传学研究进展

（1）率先完成了茶树基因组的测序

长期以来，囿于茶树多年生、高度杂合等因素，导致与模式植物相比，对茶树遗传背景的了解非常有限。茶树遗传学研究的最大瓶颈在于对茶树基因组的认识基本属于空白，导致对茶树重要经济性状、农艺性状、抗逆性状等的研究无法深入，对重要功能基因的克隆、表达调控的研究也只能停留在表面，这严重影响了整个茶学科的发展。因此，开展对茶树这一起源于我国的重要木本经济作物的全基因组测序，有助于了解茶树的基因组结构和功能，有助于指导茶树重要功能基因的定位和克隆、分子标记辅助选择育种等，具有重要的意义。

2017年，中国科学院昆明植物所率先完成了阿萨姆变种——云抗10号的全基因组测序[1]，开启了茶树功能基因组学研究的新时代。2018年安徽农业大学完成了茶变种——舒茶早的全基因组测序及基因组草图的绘制[2]。2020年，结合二代、三代测序技术等，安徽农业大学、华南农业大学、华中农业大学、中国农业科学院茶叶研究所等单位分别完成了4个品种（材料）（舒茶早、碧云、野生种DASZ及龙井43）染色体级别的参考基因组的组装[3-6]，为深入开展茶树遗传学、功能基因组学研究奠定了雄厚的基础。

（2）定位了多个与茶树性状关联的QTL位点

“十三五”期间，定位了多个与茶树品质、抗性等性状相关的数量性状位点（QTL）。如徐礼羿等[7]定位了1个与抗炭疽病有关的主效QTL，表型变异贡献率达到13.8%。李小杰[8]在7个连锁群上定位了与氨基酸总量、茶氨酸、谷氨酸、谷氨酰胺、精氨酸、天冬氨酸性状相关的19个QTL，单个QTL的表型贡献率为8.4%~20.2%。Ma等[9]定位了3个控制生物碱含量及比例的主效QTL，其中1个控制咖啡碱含量的主效QTL可以平均表征20.1%的表型贡献率。Xu等[10]利用2b-RAD技术和龙井43×白毫早F1群体的327个单株构建了1 678.52 cM、包含15个连锁群、4 217个标记、平均图距0.40cM的高密度遗传连锁图谱。且在此图谱上定位了27个与类黄酮或咖啡碱相关的QTL位点，表征了7.5%~42.8%的表型贡献率，并从中发现了2个标记位于类黄酮代谢相关的基因上。这些QTL位点的定位，为下一步开发与目标性状关联的分子标记奠定了基础。

（3）茶树重要性状的调控机理解析及基因挖掘取得较大进展

“十三五”期间，茶树重要性状（如抗逆、品质代谢、生长发育等）的调控机理解析及基因挖掘与“十二五”相比取得较大进展。

通过重测序结合群体遗传学分析，发现茶变种（*C. sinensis* var. *sinensis*）和阿萨姆变种（*C. sinensis* var. *assamica*）在驯化过程中选择方向存在差异，茶变种在驯化过程中与风味相关的萜烯类代谢基因和抗病相关基因受到选择强于阿萨姆变种[8]。通过对不同氮效率品种低氮与高氮条件下的转录组测序和加权共表达网络分析，构建了茶树氮代谢调控网络，鉴定出影响茶树氮浓度响应的关键基因，

如 *CsAlaDC*、*CsF-NiR*、*CsAMTs*、*CsNRTs* 等[11]。Li 等[12]发现不同钾效率品种在钾缺乏状态下，仅在耐低钾品种中上调的差异基因涉及到乙烯相关、铵根和硝酸根运输载体、过氧化氢酶相关和磷脂酰肌醇相关途径等。Wang 等[13]发现活性氧（ROS）清除能力的差异是不同品种抗寒性差异的主要机制。抗性品种在越冬期具有较高的 ROS 清除能力和较低的 ROS 含量。ROS 产生相关基因，如 *RBOHs* 和 *Class III peroxidases*，在敏感品种中的表达更高，而大部分 ROS 清除相关基因，包括 *GST*、*GSH*、*PrxR*、*CAT*、*GRX* 和 *APX* 在抗性品种中的表达更高。这些基因的差异表达可能是造成敏感品种中较高的 ROS 含量的原因。研究还发现，茶树糖转运体基因 *CsSWEET17* 存在可变剪切 *CsSWEET17-In* 和 *CsSWEET17-Ex*，在整个冷驯化过程中，冷敏感品种中 *CsSWEET17-Ex* 的表达水平均显著高于抗寒品种[14]。Wang 等[15]发现过敏性坏死和活性氧暴发是茶树抵御炭疽菌侵染的重要手段，抗病基因 NLR 激活 MAPK 级联反应并调控下游包括次级代谢物合成在内的多种抗性反应，抗、感品种间存在较大差异。

茶树叶色变异是一个可以利用的性状。对多个白（黄）化及紫化的品种进行了多组学的分析，发现白（黄）化表型的形成多与叶绿体发育受阻和叶绿素合成受到抑制有关，其相关的基因表达较绿色叶片变化明显下调[16]，而紫化茶树品种的表型则与花青素含量累计有关，在分子机制上，花青素合成途径的功能基因及调控基因表达上调[17]。转录因子基因 *CsMYB75* 和转运蛋白基因 *CsGSTF1* 对花青素累积具有重要影响。GWAS 分析发现这 2 个基因均与 1 个控制紫芽的关键 QTL 有关。*CsGSTF1* 受 *CsMYB75* 的直接调控，*CsGSTF1* 是专一性地影响茶叶花青素累积而不影响儿茶素累积的关键基因，紫芽茶中花青素的累积直接与该基因的高表达有关[18]。

另外，发现 *CsANS* 是影响儿茶素表型异构的关键基因[19]。发现了控制儿茶素组分含量的关键基因 *F3'5'H*，其表达量的高低控制儿茶素指数[20]。全面解析了 *TCS1* 等位基因调控咖啡碱合成代谢的分子机制，3 种类型的等位基因表达量的高低决定了不同材料咖啡碱含量的高低[21]。

同时，借助于大批量转录组数据和基因组数据的释放，与品质、抗逆、生长发育等性状有关的功能基因及调控基因被批量克隆，且通过异源转化或体外表达的方式进行了功能的间接鉴定，为深入解析茶树重要性状形成调控机制奠定了基础。

2. 茶树育种进展与成就

（1）品种审批制度发生了根本性变革

2015 年 11 月，第十二届全国人民代表大会常务委员会通过了修订的《中华人民共和国种子法》。新版《种子法》规定：除主要农作物和主要林木实行品种审定制度外，对部分非主要农作物实行品种登记制度。列入非主要农作物登记目录的品种在推广前应当登记。茶树列入第一批非主要农作物登记目录。2017 年，农业部（2018 年 3 月，国务院机构改革组建农业农村部，不再保留农业部。全书同。）发布了包括茶树在内的《非主要农作物品种登记指南》，对茶树的登记作出规范。《中华人民共和国种子法》第二十五条也规定：国家实行植物新品种保护制度。对国家植物品种保护名录内经过人工选育或者发现的野生植物加以改良，具备新颖性、特异性、一致性、稳定性和适当命名的植物品种，由国务院农业、林业主管部门授予植物新品种权。我国于 1999 年正式加入国际植物新品种保护联盟，茶树被列入中华人民共和国《农业植物新品种保护名录（第七批）》。茶树品种的审批有了两种途径，茶树品种的“身份证”也由过去的国家和省两级审批变成由农业农村部或国家林业和草原局统一审批[22]。

（2）品种登记及新品种保护申请取得了长足进展

自新的《种子法》实施以来，从 2018 年，第一批 9 个茶树品种通过了非主要农作物品种登记，我国茶树品种登记迈出了第一步。2019 年有 39 个品种通过登记，2020 年有 42 个品种通过登记。“十三五”期间，共有 90 个品种通过登记。其中已通过国家或省级审定的品种重新登记的有 28 个，已销售的有 34 个（含 3 个通过全国农业技术推广中心和全国茶树良种鉴定委员会鉴定的品种）（表 1）。

另外，茶树新品种权申报工作也越来越受到重视。“十三五”期间，从农业农村部和国家林业 和草原局 2 个渠道，共有 81 个品种获得了植物新品种权（表 2），其中有 8 个品种取得了品种登记证书。

表 1 “十三五”期间通过登记的茶树品种

序号	品种名称	登记编号	适制茶类	序号	品种名称	登记编号	适制茶类
1	毛蟹	GPD 茶树(2018)350001	绿茶,红茶,乌龙茶	24	鄂茶 1 号	GPD 茶树(2019)420015	绿茶
2	本山	GPD 茶树(2018)350002	绿茶,乌龙茶	25	鄂茶 5 号	GPD 茶树(2019)420016	绿茶
3	黄棪	GPD 茶树(2018)350003	绿茶,红茶,乌龙茶	26	槠叶齐	GPD 茶树(2019)430017	绿茶,红茶
4	铁观音	GPD 茶树(2018)350004	绿茶,乌龙茶	27	湘波绿 2 号	GPD 茶树(2019)430018	绿茶
5	梅占	GPD 茶树(2018)350005	绿茶,红茶,乌龙茶	28	西莲 1 号	GPD 茶树(2019)430019	红茶
6	大叶乌龙	GPD 茶树(2018)350006	绿茶,红茶,乌龙茶	29	白毫早	GPD 茶树(2019)430020	绿茶
7	紫嫣	GPD 茶树(2018)510007	绿茶,红茶	30	黄金茶 2 号	GPD 茶树(2019)430021	绿茶
8	川茶 6 号	GPD 茶树(2018)510008	绿茶,红茶	31	保靖黄金茶 1 号	GPD 茶树(2019)430022	绿茶
9	陕茶 1 号	GPD 茶树(2018)610009	绿茶	32	玉笋	GPD 茶树(2019)430023	绿茶
10	蒙山 5 号	GPD 茶树(2019)510001	绿茶	33	碧香早	GPD 茶树(2019)430024	绿茶,红茶
11	茶农 98	GPD 茶树(2019)340002	绿茶,红茶	34	茗丰	GPD 茶树(2019)430025	绿茶,红茶
12	锡茶 24 号	GPD 茶树(2019)320003	绿茶,红茶,白茶	35	尖波黄 13 号	GPD 茶树(2019)430026	绿茶,红茶
13	鸿雁 1 号	GPD 茶树(2019)440004	绿茶,乌龙茶	36	潇湘 1 号	GPD 茶树(2019)430027	绿茶,红茶
14	皖茶 8 号	GPD 茶树(2019)340005	绿茶,红茶	37	湘红 3 号	GPD 茶树(2019)430028	绿茶,红茶
15	皖茶 9 号	GPD 茶树(2019)340006	绿茶,红茶	38	湘茶研 4 号	GPD 茶树(2019)430029	红茶
16	黔茶 1 号	GPD 茶树(2019)520007	绿茶,红茶	39	湘茶研 2 号	GPD 茶树(2019)430030	绿茶,红茶
17	黔茶 8 号	GPD 茶树(2019)520008	绿茶	40	湘茶研 8 号	GPD 茶树(2019)430031	红茶
18	黔辐 4 号	GPD 茶树(2019)520009	绿茶,白茶	41	庐云 3 号	GPD 茶树(2019)330032	绿茶
19	苔选 0310	GPD 茶树(2019)520010	绿茶,红茶,白茶	42	中黄 1 号	GPD 茶树(2019)330033	绿茶
20	白牡丹	GPD 茶树(2019)350011	乌龙茶	43	中黄 2 号	GPD 茶树(2019)330034	绿茶
21	青农 3 号	GPD 茶树(2019)370012	绿茶	44	北茶 36	GPD 茶树(2019)370035	绿茶,红茶,乌龙茶,白茶
22	寒梅	GPD 茶树(2019)370013	绿茶	45	庐云 1 号	GPD 茶树(2019)360036	绿茶
23	青农 38 号	GPD 茶树(2019)370014	绿茶	46	庐云 2 号	GPD 茶树(2019)360037	绿茶

（续表）

序号	品种名称	登记编号	适制茶类	序号	品种名称	登记编号	适制茶类
47	北茶 1 号	GPD 茶树(2019)370038	绿茶,红茶	69	中茶 602	GPD 茶树(2020)330025	绿茶
48	中茶 111	GPD 茶树(2019)330039	绿茶	70	中茶 603	GPD 茶树(2020)330026	绿茶,红茶
49	东方紫婵	GPD 茶树(2020)370001	红茶,白茶	71	浙农 12	GPD 茶树(2020)330027	绿茶,红茶
50	渝茶 3 号	GPD 茶树(2020)500004	绿茶	72	浙农 113	GPD 茶树(2020)330028	绿茶
51	渝茶 4 号	GPD 茶树(2020)500005	绿茶,红茶	73	浙农 117	GPD 茶树(2020)330029	绿茶,红茶
52	云抗 10 号	GPD 茶树(2020)530006	绿茶,红茶,普洱茶	74	浙农 121	GPD 茶树(2020)330030	绿茶,红茶
53	云茶 1 号	GPD 茶树(2020)530007	绿茶,红茶,白茶,普洱茶	75	浙农 21	GPD 茶树(2020)330031	绿茶,红茶
54	皖茶 10 号	GPD 茶树(2020)340010	绿茶,红茶	76	浙农 25	GPD 茶树(2020)330032	红茶
55	景白 2 号	GPD 茶树(2020)330011	绿茶	77	浙农 139	GPD 茶树(2020)330033	绿茶
56	景白 1 号	GPD 茶树(2020)330012	绿茶	78	浙农 301	GPD 茶树(2020)330034	绿茶
57	鄂茶 6 号	GPD 茶树(2020)420013	绿茶	79	浙农 302	GPD 茶树(2020)330035	绿茶
58	鄂茶 11 号	GPD 茶树(2020)420014	绿茶	80	浙农 701	GPD 茶树(2020)330036	绿茶
59	鄂茶 12 号	GPD 茶树(2020)420015	绿茶	81	浙农 702	GPD 茶树(2020)330037	绿茶
60	湘茶研 1 号	GPD 茶树(2020)430016	绿茶	82	浙农 901	GPD 茶树(2020)330038	绿茶
61	湘茶研 3 号	GPD 茶树(2020)430017	绿茶	83	浙农 902	GPD 茶树(2020)330039	绿茶
62	黄金茶 168 号	GPD 茶树(2020)430018	绿茶	84	谷雨春	GPD 茶树(2020)340040	绿茶
63	中白 1 号	GPD 茶树(2020)330019	绿茶	85	舒茶早	GPD 茶树(2020)340041	绿茶
64	金茗 1 号	GPD 茶树(2020)420020	绿茶	86	鸿雁 7 号	GPD 茶树(2020)440042	绿茶,乌龙茶
65	桂茶 1 号	GPD 茶树(2020)450021	绿茶	87	中茶 112	GPD 茶树(2020)330043	绿茶
66	桂茶 2 号	GPD 茶树(2020)450022	绿茶,红茶	88	中茶 125	GPD 茶树(2020)330044	绿茶
67	中茶 502	GPD 茶树(2020)330023	绿茶	89	中茶 147	GPD 茶树(2020)330045	绿茶
68	中茶 601	GPD 茶树(2020)330024	绿茶	90	东茗 1 号	GPD 茶树(2020)330046	绿茶

表 2 “十三五”期间获得植物新品种权的茶树品种

序号	品种名称	品种权号	授权时间	序号	品种名称	品种权号	授权时间
1	花欲容	CNA20110151. 0	2016 年 1 月	24	中茶 132	CNA20140552. 2	2017 年 3 月
2	中茶 211	CNA20100658. 9	2016 年 1 月	25	中茶 131	CNA20140551. 3	2017 年 3 月
3	酸茶	CNA20090403. 0	2016 年 1 月	26	金茗 1 号	CNA20110657. 9	2017 年 5 月
4	黔辐 4 号	CNA20080574. 6	2016 年 1 月	27	紫嫣	CNA20120455. 2	2017 年 9 月
5	贵茶育 8 号	CNA20080573. 8	2016 年 1 月	28	早春翠芽	CNA20151656. 4	2018 年 1 月
6	黔茶 8 号	CNA20080572. X	2016 年 1 月	29	中黄 3 号	CNA20151367. 4	2018 年 1 月
7	黔茶 7 号	CNA20080568. 1	2016 年 1 月	30	探春	CNA20151347. 9	2018 年 1 月
8	黄叶宝	CNA20130589. 0	2016 年 3 月	31	陕茶 1 号	CNA20121112. 5	2018 年 1 月
9	黔茶 1 号	CNA20080571. 1	2016 年 3 月	32	中茶 130	CNA20162256. 5	2019 年 1 月
10	苔选 0310	CNA20080570. 3	2016 年 3 月	33	中茶 129	CNA20162255. 6	2019 年 1 月
11	中茶 128	CNA20130588. 1	2016 年 5 月	34	磐茶 1 号	CNA20141371. 9	2019 年 1 月
12	中茶 127	CNA20130587. 2	2016 年 5 月	35	杭茶 22 号	CNA20141370. 0	2019 年 1 月
13	中茶 126	CNA20130586. 3	2016 年 5 月	36	杭茶 21 号	CNA20141369. 3	2019 年 1 月
14	云茶银剑	CNA20100448. 4	2016 年 5 月	37	龙曲 2 号	CNA20140312. 3	2019 年 1 月
15	云茶奇蕊	CNA20100447. 5	2016 年 5 月	38	龙曲 1 号	CNA20140312. 3	2019 年 1 月
16	栗峰	CNA20130064. 4	2017 年 1 月	39	粤茗 4 号	CNA20181233. 3	2019 年 5 月
17	中茶 139	CNA20141129. 4	2017 年 3 月	40	粤茗 2 号	CNA20181231. 5	2019 年 5 月
18	中茶 138	CNA20141128. 5	2017 年 3 月	41	粤茗 1 号	CNA20181230. 6	2019 年 5 月
19	中茶 137	CNA20141127. 6	2017 年 3 月	42	中茶 143	CNA20172470. 4	2019 年 5 月
20	中茶 136	CNA20141126. 7	2017 年 3 月	43	中茶 144	CNA20172469. 7	2019 年 5 月
21	中茶 135	CNA20140555. 9	2017 年 3 月	44	径山 1 号	CNA20151578. 9	2019 年 5 月
22	中茶 134	CNA20140554. 0	2017 年 3 月	45	径山 2 号	CNA20151375. 4	2019 年 5 月
23	中茶 133	CNA20140553. 1	2017 年 3 月	46	中茶 146	CNA20173293. 7	2019 年 12 月

（续表）

序号	品种名称	品种权号	授权时间	序号	品种名称	品种权号	授权时间
47	中茶 145	CNA20173292.8	2019 年 12 月	65	中茗 6 号	CNA20151399.6	2020 年 9 月
48	中茶 142	CNA20151374.5	2019 年 12 月	66	中茗 7 号	CNA20151400.3	2020 年 9 月
49	中茶 141	CNA20151373.6	2019 年 12 月	67	杭茶 11 号	CNA20151673.3	2020 年 9 月
50	中茶 140	CNA20151372.7	2019 年 12 月	68	0309B	CNA20151732.2	2020 年 9 月
51	华农 181	CNA20191003208	2020 年 7 月	69	茗铁 0319	CNA20151734.0	2020 年 9 月
52	贵绿 2 号	CNA20141404.0	2020 年 9 月	70	中茗 22 号	CNA20161832.0	2020 年 9 月
53	贵绿 3 号	CNA20141405.9	2020 年 9 月	71	中茗 66 号	CNA20161833.9	2020 年 9 月
54	高原绿	CNA20141406.8	2020 年 9 月	72	云白 1 号	CNA20161834.8	2020 年 9 月
55	格绿	CNA20141407.7	2020 年 9 月	73	望海茶 1 号	CNA20161835.7	2020 年 9 月
56	一味	CNA20141408.6	2020 年 9 月	74	千秋墨	20200120 *	2020 年 7 月
57	流芳	CNA20141409.5	2020 年 9 月	75	四明紫墨	20200121 *	2020 年 7 月
58	千江月	CNA20141410.2	2020 年 9 月	76	四明紫霞	20200122 *	2020 年 7 月
59	贵绿 1 号	CNA20141411.1	2020 年 9 月	77	虞舜红	20200123 *	2020 年 7 月
60	韩冠茶	CNA20150215.0	2020 年 9 月	78	五彩中华	20200124 *	2020 年 7 月
61	皇冠茶	CNA20150216.9	2020 年 9 月	79	金川红妃	20200125 *	2020 年 7 月
62	北茶 36	CNA20150859.1	2020 年 9 月	80	四季金韵	20200126 *	2020 年 7 月
63	皖黄一号	CNA20151256.8	2020 年 9 月	81	乌御金茗	20200127 *	2020 年 7 月
64	中茗 1 号	CNA20151398.7	2020 年 9 月				

注：* 国家林业和草原局授权。

总之，“十三五”期间，我国茶树新品种选育围绕“机器换人”“优质安全”“多元利用”等育种目标，取得了显著的成绩，共育成 140 个新品种。这些新品种中，既包括适宜机采的茶树新品种——中茶 502，也包括特异的黄（白）化、紫化品种——中黄 1 号、中黄 2 号、中白 1 号、景白 2 号、紫嫣、东方紫婵，还包括氮高效的中茗 6 号、中茗 7 号等。这些新品种的育成，既丰富了我国茶树品种的结构，也为下一步我国茶产业转型升级、满足多元化需求，以及保障茶产业的可持续发展提供了坚实的品种保障。

3. 育种技术有所创新

虽然传统育种技术仍是茶树育种的主要技术，“十三五”也开始探索和研究新的育种技术。如中国农业科学院茶叶研究所利用神舟 11 号搭载茶树种子返回后，获得了航天茶苗。Jin 等[21,23]开发了 1 个可快速鉴定茶树资源的 *TCS1* 基因型和筛选出低咖啡碱资源的功能标记，以及 1 个能鉴定和筛选高二羟基儿茶素茶树资源的功能标记。Wang 等[24]利用 GWAS 技术，发掘出 26 个与春季发芽期关联的 SNP 等位变异和候选基因，并从中开发出 1 个 dCAPS 标记，可用于分子标记辅助育种。在茶树遗传转化及基因编辑等技术上，也进行了探索。如优化农杆菌介导的转化体系[25]，进行茶树 CRISPR/Cas9 载体的构建等[26]。

二、茶树遗传育种领域存在的问题

“十三五”是茶树遗传育种领域发展较快的 5 年，取得了前所未有的成就。但也应该看到，在茶树遗传基础理论创新、育种新技术创新和突破性品种的选育等方面仍存在一些问题没有解决[22]。

1. 对茶树主要性状遗传规律，特别是经典遗传规律的研究仍然存在较大困扰

对目标性状基本遗传规律的认识是开展精准杂交育种的前提。遗憾的是，由于茶树目标性状经典遗传规律研究的周期长和重大成果产出较难，使目前很少有

研究人员涉及这个领域，导致茶树遗传育种的基础非常不牢。在分子遗传学上，虽然取得了较大的进展，但受困于茶树是木本植物的原因，生长周期长，一些性状受到环境的影响较大，对表型性状数据采集的准确性常常受到制约，影响到分子遗传机理的结果，也制约着对育种实践的指导效果。

2. 育种技术创新进展缓慢

“十三五”期间育成的140个新品种，仍然全部是以传统育种方法育成，育种周期长、效率低。育成品种的更新速度慢，一些性状很难跟上产业发展的步伐。新的育种方法如分子标记辅助育种、定向设计育种、基因编辑等，尚未在茶树上取得突破。因此，育种技术的创新成为制约茶树育种的“卡脖子”问题。

3. 突破性品种少的局面仍然没有根本改变

因缺乏对目标性状遗传规律的基本认识，以及高效的定向育种技术手段，目前茶树新育成品种大部分还是仅仅对某些性状的局部改良，综合性状很难超越目前生产上主栽的品种，导致不能被种植者所接受。一些产业急需的品种却无法尽快推出，形成了育成品种多而推广数量少的局面。

三、茶树遗传育种研究“十四五”重点发展方向

“十四五”期间，茶树遗传育种领域应该以“四个面向”精神为指引，以解决问题为导向，瞄准学科发展和产业发展中存在的问题，形成协作攻关共同体，在以下几个重点方向予以关注[22]。

1. 应进一步加强茶树育种基础理论的研究

育种基础理论的创新，是指导育种实践、育成突破性品种的关键。应选择几个重点性状，开展其遗传规律特别是经典遗传规律研究，并辅以现代科学技术手段，发掘目标基因及其调控单元，从分子水平解析其遗传调控规律，为最终实现

茶树的定向品种培育和分子育种奠定理论基础。

2. 应进一步加快前沿育种技术创新

要借鉴其他作物的成功经验，发挥茶树无性繁殖的优势，综合运用现代育种手段，如定向诱变育种、倍性育种、分子标记辅助育种、基因编辑育种等新技术，突破茶树育种的技术瓶颈，为突破性品种的育成提供技术支撑。

3. 应以产业需求为导向选育品种

随着茶产业发展到一定阶段，除了传统的优质、高效（产）的育种目标以外，还应在以下几个方向予以重点关注：一是以满足人民健康需求为导向的健康成分富集品种选育；二是以满足“机器换人”为目标的适合机采品种选育；三是以满足绿色生产为导向的高肥效、抗病虫品种选育；四是以满足供给侧结构性改革为重点的多类型茶树品种选育；五是以应对气候灾害为目标的抗逆新品种选育。

参考文献

[1] XIA E H, ZHANG H B, SHENG J, et al. The tea tree genome provides insights into tea flavor and independent evolution of caffeine biosynthesis [J]. Molecular Plant, 2017, 10 (6): 866-877.

[2] WEI C L, YANG H, WANG S B, et al. Draft genome sequence of *Camellia sinensis* var. *sinensis* provides insights into the evolution of the tea genome and tea quality [J]. Proceedings of the National Academy of Sciences, 2018, 115 (18): 4151-4158.

[3] XIA E H, TONG W, HOU Y, et al. The reference genome of tea plant and resequencing of 81 diverse accessions provide insights into its genome evolution and adaptation [J]. Molecular Plant, 2020, 13 (7): 1013-1026.

[4] ZHANG Q J, LI W, LI K, et al. The chromosome-level reference genome of tea tree unveils recent bursts of nonautonomous LTR retrotransposons in driving genome size evolution [J]. Molecular Plant, 2020, 13 (7): 935-938.

[5] ZHANG W Y, ZHANG Y J, QIU H J, et al. Genome assembly of wild tea tree DASZ reveals pedigree and selection history of tea varieties [J]. Nature Communications, 2020, 11 (1): 693-704.

[6] WANG X C, FENG H, CHANG Y X, et al. Population sequencing enhances understanding of tea plant evolution [J/OL]. Nature Communications, 2020, 11 (1): 4447. https://doi.org/10.1038s41467-020-18228-8.

[7] 徐礼羿，谭礼强，王丽鸳，等．茶树炭疽病抗性的 QTL 分析 [J]. 茶叶科学，2016，36 (4)：432-439.

[8] 李小杰．茶树游离氨基酸的 QTL 定位与遗传解析 [D]. 北京：中国农业科学院，2017.

[9] MA J Q, JIN J Q, YAO M Z, et al. Quantitative trait loci mapping for theobromine and caffeine contents in tea plant (*Camellia sinensis*) [J]. Journal of Agricultural and Food Chemistry, 2018, 66: 13321-13327.

[10] XU L Y, WANG L Y, WEI K, et al. High-density SNP linkage map construction and QTL mapping for flavonoid-related traits in a tea plant (*Camellia sinensis*) using 2b-RAD sequencing [J/OL]. BMC Genomics, 2018, 19: 955. https://doi.org/10.1186 s12864-018-5291-8.

[11] ZHANG F, WANG L, BAI P, et al. Identification of regulatory networks and hub genes controlling nitrogen uptake in tea plants [*Camellia sinensis* (L.) O. Kuntze] [J]. Journal of Agricultural and Food Chemistry, 2020, 68: 2445-2456.

[12] LI Y Y, WANG W Z, WEI K, et al. Differential transcriptomic changes in low-potassium sensitive and low-potassium tolerant tea plant (*Camellia sinensis*) genotypes under potassium deprivation [J/OL]. Scientia Horticulturae, 2019, 256. https://doi.org/10.1016/j.scienta.2019.108570.

[13] WANG L, YAO L N, HAO X Y, et al. Transcriptional and physiological analyses reveal the association of ROS metabolism with cold tolerance in tea plant [J]. Environmental and Experimental Botany, 2019, 160: 45-58.

[14] YAO L N, DING C Q, HAO X Y, et al. *CsSWEET1a* and *CsSWEET17* mediate growth and freezing tolerance by promoting sugar transport across the plasma membrane [J]. Plant and Cell Physiol, 2020, 61 (9): 1669-1682.

[15] WANG X C, HAO X Y, LU Q H, et al. Transcriptional analysis and histochemistry reveal that hypersensitive cell death and H_2O_2 have crucial roles in the resistance of tea plant [*Camellia sinensis* (L.) O. Kuntze] to anthracnose [J]. Horticulture Research, 2018, 5 (1): 79-88.

[16] WANG L, CAO H L, CHEN C S, et al. Complementary transcriptomic and proteomic analyses of a chlorophyll-deficient tea plant cultivar reveal multiple metabolic pathway changes [J]. Journal of Proteomics, 2016, 130: 160-169.

[17] TAN L Q, YANG C J, ZHOU B, et al. Inheritance and quantitative trait loci analyses of

the anthocyanins and catechins of *Camellia sinensis* cultivar ‘Ziyan’ with dark-purple leaves [J]. Physiologia Plantarum, 2020, 170 (1): 109-119.

[18] WEI K, WANG L Y, ZHANG Y Z, et al. A coupled role for *CsMYB75* and *CsGSTF1* in anthocyanin hyperaccumulation in purple tea [J]. Plant Journal, 2019, 97 (5): 825-840.

[19] CHEN C S, WEI K, WANG L Y, et al. Expression of key structural genes of the phenylpropanoid pathway associated with catechin epimerization in tea cultivars [J/OL]. Frontiers in Plant Science, 2017, 8: 702. https://doi.org/10.3389/fpls.2017.00702.

[20] JIN J Q, LIU Y F, MA C L, et al. A novel *F3'5'H* allele with 14 bp deletion is associated with high catechin index trait of wild tea plants and has potential use in enhancing tea quality [J]. Journal of Agricultural and Food Chemistry, 2018, 66: 10470-10478.

[21] JIN J Q, YAO M Z, MA C L, et al. Natural allelic variations of *TCS1* play a crucial role in caffeine biosynthesis of tea plant and its related species [J]. Plant Physiol Biochem, 2016, 100: 18-26.

[22] 王新超，王璐，郝心愿，等. 中国茶树遗传育种40年 [J]. 中国茶叶，2019，41 (5)：1-6.

[23] JIN J Q, YAO M Z, MA C L, et al. Association mapping of caffeine content with *TCS1* in tea plant and its related species [J]. Plant Physiol Biochem, 2016, 105: 251-259.

[24] WANG R J, GAO X F, YANG J, et al. Genome-wide association study to identify favorable snp allelic variations and candidate genes that control the timing of spring bud flush of tea (*Camellia sinensis*) using SLAF-seq [J]. Journal of Agricultural and Food Chemistry, 2019, 67 (37): 10380-10391.

[25] LÜ Q R, CHEN C S, XU Y J, et al. Optimization of agrobacterium tumefaciens-mediated transformation systems in tea plant (*Camellia sinensis*) [J]. Horticultural Plant Journal, 2017, 3 (3): 105-109.

[26] 唐雨薇. CRISPR/Cas9介导的茶树基因组编辑技术体系的构建 [D]. 长沙：湖南农业大学，2018.

（撰稿：王新超，王璐，郝心愿，李娜娜，
丁长庆，黄建燕，曾建明，杨亚军*）

* 通信作者。

茶树栽培研究“十三五”进展及“十四五”发展方向

茶树栽培是以研究茶树的生长发育规律与环境条件的关系、有关的调节控制技术及其原理为主要任务的一门综合性的技术科学。它的研究和应用，对于提高茶叶的产量和品质、降低生产成本、提高劳动效率和经济效益具有重要意义。

一、“十三五”期间茶树栽培研究进展

“十三五”期间，茶树栽培方向主要围绕茶树营养与养分管理、茶园土壤、非生物逆境（干旱、冻害）响应、全球气候变化和茶树生长，以及环境信息感知技术与装备等展开研究，取得了较大进展。

1. 茶树营养生物学与养分管理技术

（1）茶树养分吸收利用生物学机制

高效的养分吸收对于茶叶产量和品质的保证发挥着至关重要的作用。“十三五”期间，对茶树养分吸收利用的生物学机制展开了深入研究。介导养分吸收的转运蛋白在相关离子跨膜运输及养分稳态调控中发挥了重要作用，通过克隆鉴定了多种转运蛋白，如硝酸盐转运蛋白 *CsNRT2. 5*（TEA012128）、*CsNRT2. 4*（TEA002651）*CsNRT3. 2*[1]，铵转运蛋白 *CsAMT1. 1*（KU361592）、*CsAMT1. 2*（KU361593）和 *CsAMT3. 1*（KP338998）[2-3]，磷转运蛋白 *CsPht1*：*4/CsPT4*（KY132100），并发现 *CsNRT2. 4* 与 *CsNRT3. 2* 的表达水平可以在一定程度上反映

出不同茶树品种对 NO_3^--N 的吸收能力[1]，*CsAMT1.2* 为茶树根系氮代谢调控网络的中心基因[3]，*CsPT4* 是受低磷胁迫响应的正调控诱导型基因[4]。鉴定 21 个 *HAK/KUP/KT* 基因，基因组织表达水平受缺钾、Na^+、PEG 胁迫、IAA 和 ABA 处理调节，原核表达并验证 *CsHAK7* 钾跨膜运输功能（木质部装载、渗透调节、生长）[5]。分析比较了不同钾效率品种根系和基因表达对低钾的响应[6]。

茶氨酸是茶叶中一种特殊的非蛋白氨基酸，研究明确了 *CsTSI* 茶氨酸合成酶基因，主要在茶树根系中表达[7]。同时发现 *CsGS1.1* 和 *CsGS2* 也具有合成茶氨酸的能力，分别在叶片或新梢的细胞质和叶绿体中表达[8]。克隆并鉴定了 1 种丙氨酸脱羧酶基因，原核表达显示它具有催化丙氨酸脱羧合成乙胺的能力[9]。克隆并鉴定了 1 种茶氨酸水解酶基因 *CsPDX2.1*，具有非专一性催化茶氨酸水解形成谷氨酸和乙胺的能力[10]。至此，茶氨酸合成和分解的关键基因都已被克隆。在茶氨酸（氨基酸）转运蛋白基因方面取得了重要进展，研究确定了 6 个依赖 H^+具有茶氨酸非专一性渗透酶 AAP（Amino Acid Permease）家族成员，其组织表达特性受缺氮诱导，推测这些转运蛋白在茶树氨基酸的源库调节中起着重要的作用[11]。

对茶树不同形态氮素吸收利用的分子机制进行了研究，深入解析了茶树对铵的偏好利用特性及其分子机理[12-13]，发现与 NO_3^- 养分相比，NH_4^+ 条件下铵转运蛋白、氮同化（*CsGDH*、*CsGOGAT*、*CsTSI*、*CsNR*、*CsNiR*）等基因更显著上调表达，NH_4^+ 下调大部分参与儿茶素生物合成的基因；铵提高 GS 基因表达，降低 PAL 表达水平，通过调节谷氨酰胺合成酶、苯丙氨酸解氨酶维持 NH_4^+ 动态平衡，同时调节碳通量从儿茶素代表的碳库向淀粉代表的碳库重新定向。NO_3^- 和 NH_4^+ 同时作为信号和代谢底物起作用。

储藏氮素是春茶的重要来源，对春茶品质有重要影响，有关研究解析了春茶期间储藏氮素再利用的分子机制，分析了蛋白质降解自噬基因、氨基酸转运和代谢等基因表达及其与成熟叶氮素运出和新梢氮积累之间的关系[14]。茶树开花消耗大量的养分，主要来源于当季根系吸收和成熟叶转运。有关研究解析了开花过程中成熟叶氮素向花的转运及相关基因表达情况[15]。

对养分供应水平影响茶叶品质成分代谢的分子机制进行了大量研究。研究发现，增加氮素水平降低儿茶素、黄酮醇及其糖苷含量，与儿茶素代谢基因表达水平明显相关，黄酮醇糖苷化过程受到氮素水平的显著调节，高氮素水平抑制黄酮醇糖苷的合成与积累[16]。茶树氮素与脂质代谢紧密相关，适当施氮肥，单半乳糖甘油二酯（MG-DG）、双半乳糖甘油二酯（DGDG）等含量小幅增加，有利于提升绿茶清香特征；高施氮量大幅增加降解产物己烯醛、己烯醇等体现青草味，不利于香气品质[17]；长期大量施氮显著降低了茶鲜叶中苯甲醇和2-苯乙醇的含量，同时也降低了萎凋叶中（E）-橙花醇和吲哚的含量，不利于花香和果香物质的形成[18]。缺磷时成熟叶和根系中黄酮类化合物及其苷类积累，与 *CsANR*、*CsLDOX* 和糖基转移酶（*UGT78D1*、*UGT78D2* 和 *UGT57L12*）等基因的上调表达一致；缺磷新梢肌醇降低、脯氨酸异常积累和光呼吸失活，但品质成分（氨基酸、儿茶素等）对缺磷响应在不同品种之间存在明显差异，可能反映了不同磷效率差异[19]。

（2）茶树养分管理技术研究与应用

施肥是茶树栽培的一项重要技术措施。有研究报道了我国茶园施肥状况，指出了过量施肥、茶树专用肥占比少、有机养分替代率较低、施用方法落后等问题[20]。国家设立了“十三五”重点研发计划专项开展茶园化肥减施增效研究，取得重要进展。研究总结提出了茶园养分综合管理5个方面的技术策略，即精准养分用量、有机肥替代部分化肥、调整肥料结构、改进施肥方法和配套土壤改良[20]。研究揭示了茶树品质成分代谢对氮素用量的响应[16]，明确了氮肥用量对土壤酸化、生物性状和温室气体排放的影响[21-24]，建立了不同茶类和生产方式的茶园氮素总量定额[20,25]。研究比较了不同有机肥替代比例对茶叶产量、品质、土壤生物性质的影响，提出了有机肥替代化肥的适宜比例为30%左右（按氮计）。研究揭示了冬季-早春期间根系氮素吸收动态，明确了氮素吸收与土壤活动积温的关系[26]，据此提出优化追肥时期。在肥料创制方面，研制了茶树专用肥基础配方，研究比较了不同氮素形态吸收、代谢特征和土壤氮素转化（硝化）特性，筛选硝化抑制剂[12,27]，有望应用于稳铵缓释功能性肥料，提升施肥效果。在高效施肥技术方面，提出了滴灌施肥水肥一体化技术参数和叶面施肥技术，茶树养分吸收量明显增加，养分淋溶损失显著减少。化肥减施增效是一项综合技术，需要多方面的技术集成，为此，各地提出了多项化肥减施增效技术模式，在实际生产中发挥了十分重要的作用。例如，马立锋等[25]提出的6套化肥减施增效技术模式与平均施肥模式（或当地习惯施肥模式）相比，茶园化肥减量23%~88%，增产3.3%~19.5%，新梢养分利用率明显增加，同时每公顷节本增效1.17万~2.25万元。伊晓云等[28]报道茶树专用肥及其施用技术相较农民习惯施肥明显增产和增收。

施肥环境效应特别是温室气体排放得到重视，对此进行了综合分析[29]，施肥茶园土壤 N_2O 年排放量为13.1~21.3 kg/hm^2，平均17.1 kg/hm^2（或 CO_2 8 008 kg/hm^2），未施肥茶园土壤 N_2O 年排放量为1.4~5.2 kg/hm^2，平均2.8 kg/hm^2，大大高于谷类农田（CO_2 662~3 757 kg/hm^2），茶园施氮的全球平均直接排放系数（EFd）为2.31%，使用控释肥料或硝化抑制剂，以及使用生物炭和（或）石灰来提高土壤pH值，是减少茶叶生产气候足迹的有效措施。

2. 茶园土壤生物特性

随着分子生物学技术，如Biolog技术、变性凝胶梯度电泳、二代测序技术等的不断发展，“十三五”期间，对茶园土壤微生物群落结构与功能开展了大量研究。有研究比较了茶园土壤微生物群落组成和森林、其他农田生态系统之间的差异，明确了茶园土壤微生物组成和空间分布（如根际与非根际）特性、微生物群落结构与土壤pH值、有机质含量密切相关，海拔、植茶年份等深刻影响细菌、放线菌和真菌组成和库量[30]。施肥对土壤微生物群落特征有重要影响，有关研究揭示了有机肥及其替代比例对土壤微生物的影响，茶园土壤微生物多样性随有机替代比例的提高而不断增加，且微生物群落组成在不同替代比例下发生明显变化[31]；化学氮肥用量同样对土壤微生物产生影响，微生物多样性随化学氮肥施用量的增加不断降低，同时降低细菌群落的稳定性和功能性[21,23]。而且氮肥除了直接影响土壤性质外，通过影响茶树的物质代谢进而通过修剪物的多酚含量和总氮比对土壤微生物群落组成和结构产生影响[21]。

茶园土壤微生物在茶园土壤元素转化和循环中发挥重要作用，“十三五”期间，对茶园土壤氮循环的微生物机制特别是土壤硝化与反硝化作用开展了众多研究。研究表明，茶园土壤中氨氧化古菌（AOA）*amoA* 基因丰度与硝化速率呈显著正相关[32]，且在不施氮肥的情况下，AOA 主导酸性茶园土壤的硝化过程，但随着氮肥施用量增加，氨氧化细菌（AOB）逐渐取代 AOA，主导土壤的硝化过程[24]。氮肥施用量增加引起的自养硝化和异养硝化作用进一步促进 N_2O 的排放，嗜酸反硝化细菌和对酸性耐受性较强的真菌在高酸性茶园土壤 N_2O 排放中起重要作用，茶园土壤 pH 值在茶园 N_2O 排放过程中发挥着重要的调节作用。茶园土壤碳元素循环微生物机制研究明显少于对氮元素的研究，主要集中在真菌的分解作用，如茶树修剪物（凋落物）及其内含成分如咖啡碱、纤维素等的降解等方面。研究发现，茶园土壤真菌网络的复杂度与茶园土壤的肥力状况密切相关[31]。从茶树根际土壤中筛选分离得到具有多方面功能的各种促生菌，包括固氮或溶磷溶钾、分泌生长素、降解酚酸和解毒、增强抗逆病、抗旱和抗氧化胁迫等作用。许多研究表明，丛枝菌根（VA 菌根）侵入茶树根中形成共生体，改善根系形态，增强茶树对土壤磷、锌等养分吸收，增强抗氧化胁迫和抗旱等能力，显著促进茶树的生长和提高氨基酸、茶多酚等品质成分含量[33-34]。

3. 茶树对全球气候变化和逆境的响应

在全球气候变化的形势下，茶树生长、鲜叶产量和品质受到很大的环境挑战。近年来，由于干旱和冻害等极端气候的发生，导致了茶叶产量的大量损失和茶叶品质的大幅下降。“十三五”期间，利用蛋白质组学、基因组学、转录组学和代谢组学等组学技术，从信号感知、信号转导、基因表达、代谢调控等方面研究了茶树对 CO_2浓度、气温升高、逆境（干旱、冻害）响应及其生物学机制。

CO_2浓度升高显著影响茶树光合作用和产物代谢。二氧化碳浓度升高，增加 Rubisco 活性，促进茶树生长；较高的 CO_2浓度抑制光呼吸，增加可溶性糖和淀粉的含量，降低了茶叶中天冬氨酸、丝氨酸等游离氨基酸含量[35]。有研究表明，CO_2升高显著诱导茶氨酸合成酶基因 *CsTSI* 和 *CsAAPs* 的表达，增加茶氨酸浓度[36]。

茶树生长需要适宜的温度，低温和高温都对茶树生长和物质代谢产生重要影响。低温下茶树幼叶叶片中与细胞膜不饱和脂肪酸、类胡萝卜素、光合作用相关的基因表达受到抑制，而成熟叶片与此相关的差异表达基因发生上调[37]。对萌发新梢冷胁迫基因表达谱分析表明[38]，MAPK 依赖的乙烯和钙信号通路是萌发芽的两个主要的早期冷响应机制，随后通过 ICE-CBF-COR 信号通路启动耐寒响应，如快速诱导茶树成熟叶和嫩芽 β-淀粉酶基因 *CsBAM3* 表达来增强抗寒性[38]，*CsbZIPs*（*CsbZIP6*、*CsbZIP18*）、*CsSWEETs*（*CsSWEET16*、*CsSWEET1a*、*CsSWEET17*）、糖基转移酶（*CsUGT78A14*、*CsUGT78A15*、*UGT91Q2*）等在茶树冷驯化、适应或抵御冷胁迫中发挥重要作用[39-42]。有关研究发现，茶树在一定程度上共享低温和高温胁迫适应机制，但也形成了一些不同的机制来抵御寒冷或高温胁迫，如热激蛋白基因（*Hsp90* 和 *Hsp70*）、*LEA* 基因表达、花青素的合成等在茶树适应热、冷胁迫发挥不同的作用[43]。温度升高严重影响了茶树的叶片膜结构，导致叶绿素含量下降，叶片呼吸作用加剧，增加可溶性糖和淀粉消耗，叶片 Rubisco 活性下降，氨基酸合成减少，咖啡碱、茶多酚增加[44]。高温夏天喷施油菜素甾醇可以提升茶氨酸含量[45]。对干旱影响茶树生长、品质成分代谢产物变化动态进行了大量研究，并深入基因组学、代谢和蛋白组学等水平。总体看，干旱胁迫对多酚类物质含量和代谢的影响复杂，提高或降低多酚类物质含量均有报道。干旱改变植物抗氧化系统能力[45]和激素、脂质、木质素等代谢[46-47]。但是，也有研究表明适度水分亏缺处理提升改善红茶香气和滋味[48]。茶树不同品种抗旱性、代谢物对干旱的响应等方面存在显著差异，鉴定了若干与抗旱特性相关联的 QTL。研究表明，蔗糖非酵解-1 型相关蛋白激酶 *CsSnRK2.5* 正向调节 ABA 协调的茶树干旱胁迫响应[49]，叶肉钾及其在叶肉细胞中的保持力影响 ROS 清除能力和质膜 H^+-ATPase 活性，在茶树抗旱中发挥重要作用[50]。喷施黄腐酸溶液（0.1 g/L）、外源 ABA、褪黑素等改变抗氧化、类黄酮代谢相关基因表达和代谢产物含量，提高耐旱性或减轻干旱胁迫下茶叶的损伤[51]。改善茶园生态系统，如采用茶-胶复合生态系统，促进根系对不同土层深度水资源的利用，提高了整体水分利用效率[52]。

"十三五"期间还有少量全球气候变化对茶叶产量影响的预测研究。对我国茶叶产量波动回溯研究发现，极端寒冷影响了中国一半以上的茶叶产量，年产量最多减少 56.3%。在假设全球升温 1.5℃和 2.0℃条件下，极端寒冷的负面影响降低到14%，长江流域（北纬30°附近）和南方（北纬25°以南）茶区极端高温带来的减产率达14%~26%，预测气候变化对所有研究区域的茶叶产量产生积极的净影响[53]。根据2008—2016年肯尼亚茶叶产量对水和热胁迫的反应，研究预测2040—2070年间，如单纯考虑温度上升影响，产量将下降10%（以1990—2020年为基准），但如考虑降水和土壤含水量增加，总体气候变暖后产量仅下降5%左右[51]。

4. 茶树生长和环境信息感知技术与装备

“十三五”期间，茶树生长和环境信息感知技术与装备取得了阶段性的成果。茶园智能化装备平台主要包括卫星、无人机、便携式装备、固定式基站以及信息集成系统等。目前可以实时获取茶园温度、湿度、光照、土壤水肥以及大气等信息，有关装备已经产业化生产，通过安装于固定式基站在茶园中广泛应用。有关研究利用卫星图像和光谱数据进行茶园面积测绘和茶树栽培区的综合适宜性评价[54-55]。茶树生长信息获取技术也取得了较大进展，如利用高光谱反射或高光谱成像监测茶叶中叶绿素、全氮、类胡萝卜素含量和进行氮肥水平判别[56-57]，利用近红外高光谱成像对茶叶中磷和钾含量进行无损评估[58]，建立了热成像树冠叶温度和水分状况测定方法[59]。利用近红外光谱设备快速测量茶园土壤有机质和总氮含量，判别准确率达到84.5%[60]。无人机作为平台搭载成像仪或光谱反射仪，对茶树品种进行分类，最高识别精度达到95%[61]；对茶树叶片叶绿素和氮含量进行反演可以实现对茶树养分的智能化监测[61]。利用图像识别区分茶树嫩芽[62]，为开发采茶机器人奠定了基础。总体来看，方便、有效、快捷、准确获取茶树生长状况的技术和装备还处于研发阶段，离产业化应用尚有一段距离。

二、茶树栽培研究“十四五”发展方向

整体而言，“十三五”期间茶树栽培研究取得了重要的进展，但随着研究的细化和深入，各个研究方向学科交叉更加紧密，产业的发展也对栽培技术提出了

新的更高要求，需要在“十四五”期间加强研究，主要包括以下6个方面。

1. 肥水资源高效利用生物学潜力的挖掘利用

茶树不同品种或种质资源对养分和水分等的利用效率存在巨大差异，如何进一步解析养分水分高效吸收利用的生物学机制，挖掘并利用高效基因资源，对于提高资源利用效率，促进农业绿色发展具有重要意义。

2. 茶园健康土壤理论与定向培育技术

土壤是茶树生长的介质，健康优质的土壤是维持茶园生产能力和提供优质茶叶的重要基础，为此需要进一步研究健康土壤理论和指标，研发茶园健康土壤的定向培育技术。

3. 茶树绿色肥料（有机肥、化肥、菌肥）创制与高效应用

传统化肥养分易损失、持续供肥能力差，普通有机肥肥效低，微生物（菌肥）发展迟缓，需要加强适合茶树养分需求特征、茶园土壤特点和生产要求的绿色高效肥料创制，实现对肥料—土壤—茶树—品质—环境综合调控，为推动我国茶园减施增效提供产品支撑。

4. 茶树抗逆（抗冻、抗旱、抗高温）减灾栽培技术

近年来，干旱和冻害等极端气候频繁发生，导致了茶叶产量的大量损失和茶叶品质的大幅下降。对茶树抗逆（抗冻、抗旱、抗高温）减灾栽培技术研究还存在较大不足，对便捷高效的抗逆栽培技术需求十分迫切。

5. 生态茶园理论、技术与系统碳汇管理

运用生态学原理，促进茶园生态系统内物质和能量循环利用效率，降低茶叶生产的碳排放，同时充分发挥茶园碳汇功能，让茶叶产业助力我国实现碳中和。

6. 茶园智慧型精准化管理技术与装备

茶树生长和环境快速感知、智能决策和实施是实现茶园智慧型精准化管理的重要前提，目前在基于物联网和大数据的茶树生长状况感知技术、精准变量施肥、智能采摘技术和装备等方面存在较大短板，需要在“十四五”期间加大研发力度并力争取得突破。

参考文献

[1] 苏静静，阮丽，王丽鸳，等．茶树氮吸收效率的早期鉴定技术研究［J］．茶叶科学，2020，40（5）：576-587.

[2] ZHANG F，LIU Y，WANG L Y，et al. Molecular cloning and expression analysis of ammonium transporters in tea plants［*Camellia sinensis*（L.）O. Kuntze］under different nitrogen treatments［J］. Gene，2018，658：136-145.

[3] ZHANG F，WANG L Y，BAI P X，et al. Identification of regulatory networks and hub genes controlling nitrogen uptake in tea plants［*Camellia sinensis*（L.）O. Kuntze］［J］. Journal of Agricultural and Food Chemistry，2020，68（8）：2445-2456.

[4] 辛华洪，王伟东，王明乐，等．茶树磷转运蛋白基因 *CsPT4* 的克隆、亚细胞定位及表达分析［J］．茶叶科学，2017，37（5）：493-502.

[5] YANG T Y，LU X，WANG Y，et al. HAK/KUP/KT family potassium transporter genes are involved in potassium deficiency and stress responses in tea plants（*Camellia sinensis* L.）：Expression and functional analysis［J］. BMC Genomics，2020，21（1）：844-858.

[6] LI Y Y，WANG W Z，WEI K，et al. Differential transcriptomic changes in low-potassium sensitive and low-potassium tolerant tea plant（*Camellia sinensis*）genotypes under potassium deprivation［J/OL］. Scientia Horticulturae，2020，256：108570. https：//doi. org/ 10. 1016/j. scienta. 2019. 108570.

[7] WEI C L，YANG H，WANG S B，et al. Draft genome sequence of *Camellia sinensis* var. *sinensis* provides insights into the evolution of the tea genome and tea quality［J］. Proceedings of the National Academy of Sciences，2018，115（18）：4151-4158.

[8] FU X M，LIAO Y Y，CHENG S H，et al. Nonaqueous fractionation and overexpression of fluorescent-tagged enzymes reveals the subcellular sites of L-theanine biosynthesis in tea

[J]. Plant Biotechnology Journal, 2021, 19 (1): 98-108.

[9] BAI P X, WEI K, WANG L Y, et al. Identification of a novel gene encoding the specialized alanine decarboxylase in tea (*Camellia sinensis*) plants [J/OL]. Molecules, 2019, 24 (3): 540. https://doi.org/10.3390/molecules24030540.

[10] FU X M, CHENG S H, LIAO Y Y, et al. Characterization of l-theanine hydrolase in vitro and subcellular distribution of its specific product ethylamine in tea (*Camellia sinensis*) [J]. Journal of Agricultural and Food Chemistry, 2020, 68 (39): 10842-10851.

[11] LI F, LI H, DONG C, et al. Theanine transporters are involved in nitrogen deficiency response in tea plant (*Camellia sinensis* L.) [J/OL]. Plant Signaling & Behavior, 2020, 15 (3): 1728109. https://doi.org/10.1080/15592324.2020.1728109.

[12] TANG D D, LIU M Y, ZHANG Q F, et al. Preferential assimilation of NH_4^+ over NO_3^- in tea plant associated with genes involved in nitrogen transportation, utilization and catechins biosynthesis [J/OL]. Plant Science, 2020, 291: 110369. https://doi.org/10.1016/j.plantsci.2019.110369.

[13] LIU M Y, TANG D D, ZHANG Q F, et al. iTRAQ-based proteomic analysis provides insights into the biologicalmechanism of ammonium metabolism in tea plant (*Camellia sinensis* L.) [J]. Acta Physiologiae Plantarum, 2020, 42 (4): 1-11.

[14] FAN K, ZHANG Q F, TANG D D, et al. Dynamics of nitrogen translocation from mature leaves to new shoots and related gene expression during spring shoots development in tea plants (*Camellia sinensis* L.) [J]. Journal of Plant Nutrition and Soil Science, 2020, 183 (2): 180-191.

[15] FAN K, ZHANG Q F, LIU M Y, et al. Metabolomic and transcriptional analyses reveal the mechanism of C, N allocation from source leaf to flower in tea plant (*Camellia sinensis*. L) [J]. Journal of Plant Physiology, 2019, 232: 200-208.

[16] DONG F, HU J H, SHI Y Z, et al. Effects of nitrogen supply on flavonol glycoside biosynthesis and accumulation in tea leaves (*Camellia sinensis*) [J]. Plant Physiology and Biochemistry, 2019, 138: 48-57.

[17] LIU M Y, BURGOS A, MA L F, et al. Lipidomics analysis unravels the effect of nitrogen fertilization on lipid metabolism in tea plant (*Camellia sinensis* L.) [J/OL]. BMC Plant Biology, 2017, 17 (1): 165. https://doi.org/10.1186/s12870-017-1111-6.

[18] CHEN Y Z, WANG F, WU Z D, et al. Effects of long-term nitrogen fertilization on the formation of metabolites related to tea quality in subtropical China [J/OL]. Metabolites, 2021, 11 (3). https://doi.org/10.3390/METABO11030146.

[19] KC S, LIU M Y, ZHANG Q F, et al. Metabolic changes of amino acids and flavonoids in tea plants in response to inorganic phosphate limitation [J/OL]. International Journal of

Molecular Sciences, 2018, 19 (11): 3683. https: //doi. org/10. 3390/ijms19113683.
[20] 阮建云，马立锋，伊晓云，等．茶树养分综合管理与减肥增效技术研究 [J]. 茶叶科学，2020，40 (1)：85-95.
[21] MA L F, YANG X D, SHI Y Z, et al. Response of tea yield, quality and soil bacterial characteristics to long-term nitrogen fertilization in an eleven-year field experiment [J/OL]. Applied Soil Ecology, 2021, 166. https: //doi. org/10. 1016/J. APSOIL. 2021. 103976.
[22] YANG X D, NI K, SHI Y Z, et al. Heavy nitrogen application increases soil nitrification through ammonia-oxidizing bacteria rather than archaea in acidic tea (*Camellia sinensis* L.) plantation soil [J/OL]. Science of the Total Environment, 2020, 717. https: // doi. org/10. 1016/j. scitotenv. 2020. 137248.
[23] YANG X D, MA L F, JI L F, et al. Long-term nitrogen fertilization indirectly affects soil fungi community structure by changing soil and pruned litter in a subtropical tea (*Camellia sinensis* L.) plantation in China [J]. Plant and Soil, 2019, 444 (1/2): 409-426.
[24] YANG X D, NI K, SHI Y Z, et al. Effects of long-term nitrogen application on soil acidification and solution chemistry of a tea plantation in China [J]. Agriculture, Ecosystems and Environment, 2018, 252, 74-82.
[25] 马立锋，倪康，伊晓云，等．浙江茶园化肥减施增效技术模式及示范应用效果 [J]. 中国茶叶，2019，41 (10)：40-43.
[26] MA L F, SHI Y Z, RUAN J Y. Nitrogen absorption by field-grown tea plants (*Camellia sinensis*) in winter dormancy and utilization in spring shoots [J]. Plant and Soil, 2019, 442 (1/2): 127-140.
[27] 牛司耘，倪康，赵晨光，等．不同地区茶园土壤硝化潜势特征研究 [J]. 茶叶科学，2019，39 (6)：731-741.
[28] 伊晓云，马立锋，石元值，等．茶叶专用肥减肥增产增收效果研究 [J]. 中国茶叶，2017，39 (4)：26-27.
[29] WANG Y, YAN W, YAO Z S, et al. Tea-planted soils as global hotspots for N_2O emissions from croplands [J/OL]. Environmental Research Letters, 2020, 15 (10). https: //doi. org/10. 1088/1748-9326/aba5b2.
[30] 陈丽华，刘兰英，吕新，等．不同种植年限茶树根际土壤微生物数量和肥力之间关系 [J]. 福建农业学报，2019，34 (12)：1433-1439.
[31] JI L F, NI K, WU Z K, et al. Effect of organic substitution rates on soil quality and fungal community composition in a tea plantation with long-term fertilization [J]. Biology and Fertility of Soils, 2020, 56: 633-646.

[32] ZHANG Y Y, ZHANG J B, CHAPMAN S J, et al. Tea plantation affects soil nitrogen transformations insubtropical China [J]. Journal of Soils and Sediments, 2021, 21: 441-451.

[33] LIU C Y, WANG Y J, WU Q S, et al. Arbuscular mycorrhizal fungi improve the antioxidant capacity of tea (*Camellia sinensis*) seedlings under drought stress [J]. Notulae Botanicae Horti Agrobotanici Cluj Napoca, 2020, 48 (4): 1993-2005.

[34] SHAO Y D, ZHANG D J, HU X C, et al. Mycorrhiza-induced changes in root growth and nutrient absorption of tea plants [J]. Plant Soil and Environment, 2018, 64 (6): 283-289.

[35] LI X, AHAMMED G, ZHANG L, et al. Elevated carbon dioxide-induced perturbations in metabolism of tea plants [M]. Singapore: Springer Singapore. 2018: 135-155.

[36] POKHAREL S S, SHEN F, PARAJULEE M N, et al. Effects of elevated atmospheric CO_2 concentration on tea quality and insect pests′ occurrences: A review [J]. Global Ecology and Conservation, 2021, 27.https: //doi.org/10.1016/j.gecco.2021.e01553.

[37] LI N N, YUE C, CAO H L, et al. Transcriptome sequencing dissection of the mechanisms underlying differential cold sensitivity in young and mature leaves of the tea plant (*Camellia sinensis*) [J]. Journal of Plant Physiology, 2018, 224/225: 144-155.

[38] HAO X Y, TANG H, WANG B, et al. Integrative transcriptional and metabolic analyses provide insights into cold spell response mechanisms in young shoots of the tea plant [J]. Tree Physiology, 2018, 38 (11): 1655-1671.

[39] 郝心愿，岳川，唐湖，等．茶树 β-淀粉酶基因 *CsBAM*3 的克隆及其响应低温的表达模式 [J]. 作物学报，2017，43 (10)：1417-1425.

[40] YAO L N, DING C Q, HAO X Y, et al. *CsSWEET1a* and *CsSWEET17* mediate growth and freezing tolerance by promoting sugar transport across the plasma membrane [J]. Plant and Cell Physiology, 2020, 61 (9): 1669-1682.

[41] YAO L N, HAO X Y, CAO H L, et al. ABA-dependent bZIP transcription factor, *CsbZIP*18, from *Camellia sinensis* negatively regulates freezing tolerance in *Arabidopsis* [J]. Plant Cell Reports, 2020, 39 (4): 553-565.

[42] ZHAO M Y, JIN J Y, GAO T, et al. Glucosyltransferase *CsUGT78A14* regulates flavonols accumulation and reactive oxygen species scavenging in response to cold stress in *Camellia sinensis* [J/OL]. Frontiers in Plant Science, 2019, 10 : 1675. https: // doi. org/10. 3389/fpls. 2019. 01675.

[43] SHEN J Z, ZHANG D Y, ZHOU L, et al. Transcriptomic and metabolomic profiling of *Camellia sinensis* L. cv. ‘Suchazao’ exposed to temperature stresses reveals modification in protein synthesis and photosynthetic and anthocyanin biosynthetic pathways [J]. Tree

Physiology, 2019, 39 (9): 1583-1599.

[44] 杨菲，李蓓蓓，何辰宇．高温干旱对茶树生长和品质影响机理的研究进展 [J]. 江苏农业科学，2017，45 (3)：10-13，40.

[45] LI X, WEI J P, AHAMMED G J, et al. Brassinosteroids attenuate moderate high temperature-caused decline in tea quality by enhancing theanine biosynthesis in *Camellia sinensis* L. [J/OL]. Frontiers in Plant Science, 2018, 9. https://doi.org/10.3389/FPLS.2018.01016.

[46] CHEN M J, ZHU X F, ZHANG Y, et al. Drought stress modify cuticle of tender tea leaf and mature leaf for transpiration barrier enhancement through common and distinct modes [J]. Scientific Reports, 2020, 10 (1): 207-233.

[47] LI H, TENG R M, LIU J X, et al. Identification and analysis of genes involved in auxin, abscisic acid, gibberellin, and brassinosteroid metabolisms under drought stress in tender shoots of tea plants [J]. DNA and Cell Biology, 2019, 38 (11): 1292-1302.

[48] LI M F, LIU J J, ZHOU Y P, et al. Transcriptome and metabolome profiling unveiled mechanisms of tea (*Camellia sinensis*) quality improvement by moderate drought on pre-harvest shoots [J/OL]. Phytochemistry, 2020, 180: 112515. https://doi.org/10.1016/J.PHYTOCHEM.2020.112515.

[49] ZHANG Y H, WAN S Q, LIU X H, et al. Overexpression of *CsSnRK2.5* increases tolerance to drought stress in transgenic *Arabidopsis* [J]. Plant Physiology and Biochemistry, 2020, 150: 162-170.

[50] ZHANG X C, WU H H, CHEN L M, et al. Mesophyll cells' ability to maintain potassium is correlated with drought tolerance in tea (*Camellia sinensis*) [J]. Plant Physiology and Biochemistry, 2019, 136: 196-203.

[51] SUN J H, QIU C, DING Y Q, et al. Fulvic acid ameliorates drought stress-induced damage in tea plants by regulating the ascorbate metabolism and flavonoids biosynthesis [J]. BMC Genomics, 2020, 21 (9): 237-248.

[52] WU J N, LIU W J, CHEN C F, et al. How do plants share water sources in a rubber-tea agroforestry system during the pronounced dry season? [J]. Agriculture Ecosystems & Environment, 2017, 236: 69-77.

[53] YAN Y L, JEONG S, PARK C E, et al. Effects of extreme temperature on China's tea production [J/OL]. Environmental Research Letters, 2021, 16 (4). https://doi.org/10.1088/1748-9326/abede6.

[54] 胡波，金志凤，李颖，等．江南茶区茶树栽培综合适宜性评价 [J]. 气象科技，2018，46 (2)：390-395.

[55] XU W H, QIN Y W, XIAO X M, et al. Quantifying spatial-temporal changes of tea

plantations in complex landscapes through integrative analyses of optical and microwave imagery [J]. International Journal of Applied Earth Observations and Geoinformation, 2018, 73: 697-711.

[56] SONOBE R, HIRONO Y, OI A, et al. Quantifying chlorophyll-a and b content in tea leaves using hyperspectral reflectance and deep learning [J]. Remote Sensing Letters, 2020, 11 (10): 933-942.

[57] WANG Y J, HU X, HOU Z W, et al. Discrimination of nitrogen fertilizer levels of tea plant (*Camellia sinensis*) based on hyperspectral imaging [J]. Journal of the Science of Food and Agriculture, 2018, 98: 4659-4664.

[58] WANG Y J, JIN G, LI L Q, et al. NIR hyperspectral imaging coupled with chemometrics for nondestructive assessment of phosphorus and potassium contents in tea leaves [J/OL]. Infrared Physics & Technology, 2020, 108. https://doi.org/10.1016/j.infrared.2020.103365.

[59] IJICHI H, TOKUDA A. Detecting tea bush surface temperature by a thermal imaging method and studying varietal differences and yield responses of the tea bush after irrigation [J]. Tea Research Journal, 2017, 123: 1-7.

[60] NING J M, SHENG M G, YI X Y, et al. Rapid evaluation of soil fertility in tea plantation based on near-infrared spectroscopy [J]. Spectroscopy Letters, 2018, 51 (9): 463-471.

[61] TU Y X, BIAN M, WAN Y K, et al. Tea cultivar classification and biochemical parameter estimation from hyperspectral imagery obtained by UAV [J/OL]. PeerJ, 2018, 6. https://doi.org/10.7717/peerj.4858.

[62] CHEN Y T, CHEN S F. Localizing plucking points of tea leaves using deep convolutional neural networks [J/OL]. Computers and Electronics in Agriculture, 2020, 171. https://doi.org/10.1016/j.compag.2020.105298.

(撰稿：阮建云，季凌飞，申瑞寒，杨豪宇，程俊杰，马立锋)

茶园绿色防控“十三五”进展及“十四五”发展方向

茶园有害生物绿色防控是基于茶园病虫草害发生规律，遵循综合治理原则，优先采用农业防治、物理防治、生物防治、化学生态防治等环境友好型技术，并结合科学合理使用化学农药，达到有效控制有害生物的危害。在保障茶叶生产的同时，更加注重茶叶质量安全、保护茶园生物多样性、减少茶园环境污染。

2016 年科技部启动了国家重点研发计划项目“茶园化肥农药减施增效技术集成研究与示范”，其目标之一是到 2020 年实现茶园化学农药减施 25%[1]。因此，茶园有害生物绿色防控是我国茶产业健康可持续发展的必备技术支撑。随着科技的发展，过去 5 年中对茶园主要有害生物的命名和生物学特性有了一些新认识，这为发展新的绿色防控技术奠定了基础。同时高效性诱剂、窄波 LED 杀虫灯、黄红双色诱虫板等新技术的不断涌现，茶园化学农药选用更加科学合理，使得我国茶园有害生物绿色防控的技术水平显著提高，茶园化学农药使用量明显减少。

一、“十三五”茶园有害生物绿色防控主要进展

1. 茶园主要有害生物的命名变更与生物学研究进展

（1）对茶树主要病害病原鉴定开展了大量工作但仍需进一步验证

茶树炭疽病是我国茶树重要的叶部病害，但对其病原菌归属一直存在争议。

2012 年起，我国学者就茶树炭疽病、云纹叶枯病病原菌鉴定开展了大量工作。利用多基因系统发育学、形态学特征和致病性验证，共从茶炭疽病叶、茶云纹叶枯病叶，主要是炭疽病叶，分离得到 18 种炭疽菌[2-3]。其中包括茶树炭疽菌 *Colletotrichum camelliae*、果生炭疽菌 *C. fructicola*、胶孢炭疽菌 *C. gloeosporioides*、松针炭疽菌 *C. fioriniae*、暹罗炭疽菌 *C. siamense*、尖孢炭疽菌 *C. acutatum*、异国炭疽菌 *C. alienum*、剪炭疽菌 *C. cliviae*、平头炭疽菌 *C. truncatum* 等。目前研究显示，茶炭疽病、茶云纹叶枯病均由炭疽菌属 *Colletotrichum* 真菌引起，同时果生炭疽菌、胶孢炭疽菌等可同时引起茶炭疽病、茶云纹叶枯病[3-4]。

炭疽菌属是一个很早便建立的大属。目前真菌分类研究者普遍认可的炭疽菌属分类系统是 1980 年 Sutton 建立的[5]。该系统以纯培养物上产生的分生孢子和附着胞形态特征、大小为主，并结合纯培养物特征和寄主范围将炭疽菌分为 39 个种。20 世纪，中国、日本、印度、英国都将茶炭疽病归属于 *Gloeosporium theae-sinensis* Miyabe[6]。炭疽菌属与盘圆孢属 *Gloeosporium* 真菌的差别是：前者具有刚毛的分生孢子盘，后者无刚毛分生孢子盘[5]。日本学者曾在 1960 年将茶树炭疽病从 *G. theae-sinensis* 更名至炭疽菌属下。但是由于茶树炭疽病病原菌分生孢子远比炭疽菌属真菌小，同时其分生孢子和附着胞始终未在培养基上被发现，因此日本学者认为很难按照 Sutton 分类系统将茶树炭疽病病原菌归类于炭疽菌属下。随后，日本科学家根据形态学、分子生物学、病菌接种的再鉴定，将茶树炭疽病病原菌更名为 *Discula theae-sinensis*，并沿用至今[7-8]。但国内研究显示，接种 *Discula theae-sinensis*，茶树没有生病[3]。

综上，虽然目前我国学者就茶树炭疽菌开展了大量研究工作，但目前存在以下 3 个问题亟待澄清。其一，茶云纹叶枯病和茶炭疽病的症状完全不同，这两种茶树病害病原不应大量重复；其二，我国学者有关茶炭疽病病原菌的研究结果与日本学者的并不一致；其三，目前国内研究鉴定出的近 20 种茶树炭疽病病原菌是否都可引发茶树炭疽病，还有待确定。

此外，先前报道茶白星病的病原为 *Elsinoe leucospila* 和 *Phyllosticta theaefolia*，但对分离得到的病原菌形态观察、分子序列对比和致病力测试，发现 *E. leucospila* 为茶白星病病原菌，而 *Phyllosticta* sp. 为侵染病叶组织的重寄生真菌[9]。

（2）茶园主要害虫生物学研究进展

“十二五”期间，明确了过去统称的“茶尺蠖”包含茶尺蠖 *Ectropis obliqua* 和灰茶尺蠖 *E. grisescens* 两个种[10-11]。“十三五”期间又开展了两种尺蠖的杂交和地理分布研究。杂交研究显示，灰茶尺蠖、茶尺蠖两近缘种间存在着不对称的交配作用，且其混合群体后代的发生量会明显减少，其中灰茶尺蠖对茶尺蠖的生殖干扰作用更为明显[12]。这进一步证明了灰茶尺蠖、茶尺蠖是两个种。由于这两种尺蠖形态相似且存在种内变异，肉眼难以分辨，给性信息素、病毒等绿色防控技术应用带来很大的不便。Li 等[13]基于两尺蠖 *COI* 基因酶切位点差异，建立了“PCR-RFLP”快速鉴定方法。此方法的鉴定周期和费用仅是 *COI* 基因测序区分的 3%和 10%。通过该方法，初步明确了两种尺蠖的地理分布：灰茶尺蠖发生的区域远大于茶尺蠖，是我国茶园最重要的鳞翅目害虫；仅江苏南部为茶尺蠖单独发生区域，江苏、浙江、安徽三省交界区域为两种尺蠖的混发区。

继茶园首要害虫假眼小绿叶蝉 *Empoasca vitis* 更名为小贯小绿叶蝉 *E. onukii* 后[14-15]，“十三五”期间又进一步明确了小贯小绿叶蝉为茶园叶蝉优势种。全国范围的采样鉴定显示，茶园叶蝉包括小贯小绿叶蝉、锐偏茎叶蝉 *Asymmetrasca rybiogon*、拟小茎小绿叶蝉 *E. paraparvipenis*、波宁雅氏叶蝉 *Jacobiasca boninensis* 等近 10 个种。但小贯小绿叶蝉发生最普遍且数量最多，占总检视样品的 98.53%[16]。此外，相关生物研究显示：茶小绿叶蝉仅凭视觉就可辨别茶树叶片的老嫩程度，叶片的光谱组成和反射光强度是重要指标[17]；Yao 等[18]利用蓝光和蓝色滤光片建立了一种便捷、准确率高的茶小绿叶蝉卵检测法，方便了茶小绿叶蝉产卵习性研究的开展；林美珍[19]研究发现，茶小绿叶蝉体表疏水性与体表覆盖的网粒体密切相关，随虫龄增长，叶蝉体表网粒体随之增多，疏水性也逐渐增强。

（3）茶园杂草无效名录修订

自 1959 年，我国科技工作者就开始重视茶园杂草种类的研究。然而由于现存茶园杂草文献中，异物同名、一物多名、不正确使用拉丁文或中文错别字等现象较为严重，无法确定中国茶园杂草的种数和分布。2019 年，吴慧平等[20]收集整理了1959—2018年茶园杂草种类的报道文献，并结合实地调查，确认了中国已报道茶园杂草名录759条，其中存在无效名录517条。无效名录主要集中于1959—2012年期间的文献中，成因主要为未使用拉丁名、中文种名异名同种和拉丁文种属名不明等。这些无效名录中，修订转化331条有效名录。同时新增170条有效名录。目前，中国累计报道茶园杂草种类412种，分属72科251属。其中，马唐 *Digitaria sanguinalis*、牛筋草 *Eleusine indica*、繁缕 *Stellaria media*、白茅 *Imperata cylindrica* 为茶园优势杂草。这为中国茶园杂草种类统计、分布研究和防治提供了重要依据。

2. 茶树有害生物绿色防控技术发展迅速

（1）以性诱剂为代表的化学生态防控技术已成为茶园绿色防控的重要技术组成

我国茶园主要鳞翅目害虫“茶尺蠖”的性信息素报道始见于1991年。当时共鉴定出5种组分，但田间诱蛾效果并不理想[21]。同时市场上也有3~4种“茶尺蠖”性信息素商品，但诱蛾效果还未达到可接受的程度。随着化学分析技术的进步以及俗称的“茶尺蠖”实际包含两种尺蠖的发现，2016年成功鉴定出了茶尺蠖和灰茶尺蠖的性信息素成分。其中灰茶尺蠖性信息素含有2种组分，顺-3，6，9-十八碳三烯、顺-3，9-环氧-6，7-十八碳二烯；茶尺蠖在灰茶尺蠖性信息素组成上多了1种物质，顺-3，9-环氧-6，7-十九碳二烯[22]。并初步明确茶尺蠖性信息素特有组分是茶尺蠖和灰茶尺蠖求偶通讯种间隔离的化学基础。随着灰茶尺蠖性信息素的正确鉴定，其高效性诱剂被研制出来[23]。全国范围开展的对比试验显示：灰茶尺蠖高效性诱剂的诱蛾效果是市面原有产品的4~264倍。在此基础上进一步明确了配合性诱剂使用的缓释载体、诱捕器以及放置密度等，建立了灰茶尺蠖性诱杀防治技术[24-25]。该技术诱杀一代灰茶尺蠖雄蛾，防效达50%；连续诱杀两代，防效可达70%。此外，还对已经报道的茶树害虫性信息素进行了优化，提出了茶毛虫、茶蚕、斜纹夜蛾、茶细蛾等害虫的高效性诱剂产品[26]。2016年以来，茶树鳞翅目害虫高效性诱剂在全国茶区推广面积超过6 600 hm^2，成为茶园绿色防控中一项重要措施。

此外，利用化学生态学原理，在茶树害虫引诱剂、驱避剂、诱抗剂方面开展了大量工作。但绝大部分研究离实际应用还尚有距离，需继续创新提高。如利用寄主植物挥发物，研制出多个在田间具显著引诱活性的茶小绿叶蝉引诱剂，并揭示了若茶园背景气味中高浓度物质与引诱剂关键成分重叠，背景气味可干扰引诱剂的引诱效率[27-29]；利用芳香植物、葱科植物挥发物，研制出 1 种可减少田间茶小绿叶蝉种群数量的驱避剂[30]；明确了（*E*）-nerolidol、DMNT、laminarin、indole 等物质可激活茶树的抗虫、抗病反应和相关分子机制[31-34]。当然也有成功的例子，利用糖醋酒液、蜂蜜水等研制出的茶天牛食诱剂，在成虫虫口高峰期诱虫量可达 60 头/周，且雌虫数量是雄虫的 2 倍[35]。该技术在浙江绍兴御茶村茶厂推广 300 hm^2，诱杀天牛 55 万头，极大缓解了当地茶天牛的为害程度。

（2）茶园物理诱杀技术越发精准、高效

杀虫灯、粘虫色板是茶园常用的害虫物理诱杀技术。但茶园常用的频振式杀虫灯、黄色诱虫板诱虫谱广，对茶园天敌昆虫有较大误杀[26]。通过研究灰茶尺蠖、茶小绿叶蝉等茶园主要害虫和茶园主要天敌对不同单色光的趋性，明确了茶园主要害虫、天敌的趋光特性差异。在此基础上结合 LED 灯光色纯的优点，提出发射峰值波长为 385 nm 和 420 nm 的窄波 LED 杀虫灯[36]。12 个省份的验证试验显示：相对于频振式电网型杀虫灯，天敌友好型 LED 杀虫灯对主要害虫诱杀量提高 127%，对茶园天敌的诱杀量降低 40%。该灯通过风吸负压装置捕杀害虫，克服了电网对小型害虫捕杀能力弱的缺点，可显著降低田间叶蝉数量[37]。同时在了解了夜间害虫、天敌活动节律差异后，为进一步避免误伤天敌昆虫，窄波 LED 杀虫灯仅在日落后 3 h 工作[38]。茶小绿叶蝉与茶园主要天敌的趋色反应也不一致。在明确了差异后，经不断设计尝试，提出可生物降解的黄红双色诱虫板[39-40]。该色板含黄、红两种颜色，黄色用来引诱茶小绿叶蝉、红色用来驱避天敌昆虫。2018 年在全国 23 个地区的验证试验显示，与市售黄色色板相比，夏、秋季黄红双色诱虫板对茶小绿叶蝉的诱捕量分别提升 29%、66%，对天敌的诱捕量分别平均下降 30%、35%。窄波 LED 杀虫灯、黄红双色诱虫板实现了茶园害虫诱杀的精准化、高效化，保护了茶园生态环境，已应用超 1 万 hm^2 和 0.67 万 hm^2。

(3) 茶园害虫生物防治技术稳步发展

茶尺蠖病毒、茶毛虫病毒在我国已大规模应用。但近年发现，茶尺蠖病毒对灰茶尺蠖的致死率仅为20%~30%。为提高病毒对灰茶尺蠖的防治效果，进行了高效毒株筛选。高效毒株Q4对灰茶尺蠖致死率比原毒株提高51.5%，致死中时间缩短1.5 d；对茶尺蠖致死率与原毒株相同，但致死中时间缩短1.6 d[41]。从斜纹夜蛾罹病死亡的4龄幼虫尸体中分离出的1种新型细菌杀虫剂“短稳杆菌”，它对多种鳞翅目害虫有很好的防治效果，防效可达90%，且速效性好，已成为有机茶园鳞翅目害虫防治的有力武器[42]。研制出用以防治茶小绿叶蝉、茶棍蓟马的植物源农药“茶皂素”，2次用药或与印楝素混合施用，防效可达70%[43]。茶园释放捕食螨胡瓜钝绥螨防治茶橙瘿螨、茶跗线螨等茶园害螨获得成功，防治效果可达80%[44]。同时，针对炭疽病、白星病、轮斑病等茶树主要病害，筛选出木霉菌、紫苏提取物、薄荷提取物、香茅草挥发物等具应用前景的生防资源[45-47]。此外，在茶园生境管理促进保益控害方面也开展了大量工作。茶园种植相思、杜英、玉兰、圆叶决明、金冕草等，可提高茶园天敌数量，降低害虫数量[48-49]；林下茶园中蜘蛛多样性与丰富度均较常规茶园高，对叶蝉具有明显跟随现象，且控制作用显著[50]；间作黄豆、玉米可减少茶饼病和茶炭疽病发生[51]。这为生态茶园建设提供了理论依据。

(4) 茶园绿色除草技术的发展

当前茶园人工除草劳动力短缺、除草技术匮乏，茶园草害问题日益突出。借鉴果园成熟除草技术，经优化、改进，提出了防草布覆盖除草技术和鼠茅草以草抑草技术。防草布由聚丙烯或聚乙烯扁丝编织而成，透气、透水、强力高、耐老化，克服了地膜易破损、不透气等缺点。茶园行间覆盖防草布，夏季杂草防治效果可达到100%[52]。鼠茅草是一种耐严寒而不耐高温的草本绿肥植物，可通过竞争生长抑制、枯草覆盖控制杂草生长。茶园间作鼠茅草，杂草防效达80%[53]。此外，防草布具有较好的保水作用、冬季保温作用，可以促进茶树的萌发和生长；鼠茅草可降低茶园土壤容重和紧实度，提高土壤肥力和土壤酶活性，提高茶叶产量和品质。与人工除草相比，这两项绿色除草技术可节省成本32%~54%，已在安徽、贵州、湖北、浙江等省示范应用。

(5) 茶园化学农药选用体系得到完善，吡虫啉、啶虫脒等高水溶性农药使用明显减少

茶园化学农药合理选用是保障饮茶者健康安全的基础。基于农药在茶叶种植、加工、冲泡过程中的转移规律和农药毒理学特性，建立了农药水溶解度、农药蒸气压、农药残留半衰期、农药每日允许摄入量和大鼠急性参考剂量等 7 个参数、5 个评价等级的茶园农药安全选用体系[54]。其中，农药水溶解度是最重要的参数，高水溶性化学农药不建议在茶园使用。这是因为农药水溶解度与农药在茶汤中的浸出率正相关[55]，茶汤中水溶性农药的浸出量可比脂溶性农药高 300 多倍。筛选出虫螨腈、茚虫威、唑虫酰胺等高效低水溶性农药，用以替代吡虫啉、啶虫脒等我国使用量大且普遍的高水溶性农药[26]。茶小绿叶蝉不同地理种群对 10 多种农药的敏感性测定显示：筛选出的高效低水溶性农药对茶小绿叶蝉毒力最高[56-57]。经 5 年示范推广，高效低水溶性农药已成为我国茶园用药的主要品种，茶叶中高水溶性农药吡虫啉、啶虫脒检出率均大幅降低。2020 年，茶叶中吡虫啉、啶虫脒检出率分别为 25. 5%、16. 0%，相比 2016 年下降约 30 个百分点。这极大降低了饮茶者的农药摄入风险。

(6) 绿色防控的示范推广

“十三五”期间在国家重点研发计划项目“茶园化肥农药减施增效技术集成研究与示范”、国家茶叶产业体系以及地方政府的大力支持推动下，我国各产茶省均根据自身病虫害实际发生情况，通过集成高效性诱剂、窄波 LED 杀虫灯、黄红双色诱虫板、高效生物农药、高效低水溶性化学农药等绿色防控技术，建立了相应的茶树有害生物绿色防控技术模式，并进行了大面积示范推广。至 2020 年，全国以高效性诱剂、窄波 LED 杀虫灯、黄红双色诱虫板为核心技术的茶园绿色精准防控示范推广面积已超 1. 3 万 hm^2，示范区化学农药平均减施达 76. 0%，茶叶产量略有增加，茶叶质量安全水平提升明显，茶农收益得到增加[26]。

二、“十四五”茶园有害生物绿色防控面临的挑战与发展方向

随着人们对生活品质的需求不断提升，对具有健康属性的茶叶的质量安全要

求也不断提高。同时加大茶叶出口创汇是我国茶产业发展必由之路，但出口茶叶在质量安全方面要求严格。因此，茶园有害生物绿色防控对我国茶产业健康可持续发展变得尤为重要。

1. 未来防治压力主要来自茶树小型害虫，相关基础研究需加强

由于已有性诱剂、病毒等高效化学农药替代技术，目前灰茶尺蠖、茶尺蠖、茶毛虫等鳞翅目害虫的防治压力不是太大，而茶小绿叶蝉、茶棍蓟马、茶网蝽、盲蝽、食叶甲虫等小型害虫的防治压力将会越来越大。茶小绿叶蝉是我国茶园重要害虫，但始终缺乏高效无害化的防治技术。同时近年来，茶棍蓟马、茶网蝽、盲蝽、食叶甲虫等区域暴发性害虫的发生范围逐步扩大、程度逐步加重，且缺乏防治技术。过去主要在贵州茶区发生的茶棍蓟马，目前在浙江、江西、江苏、湖北、湖南等省均有严重发生；茶网蝽已从西南茶区逐步向东扩散，传入汉中、安康、恩施等地，严重影响当地茶叶生产。过去对这些害虫关注较少，对其基础生物学、成灾机制还缺少了解。加强上述害虫的基础生物学研究，有助于研发防控技术、制定防控策略、消除暴发因子。如根据北方茶园绿盲蝽 9 月至 10 月上旬回迁茶园并以卵在茶园越冬；春季茶芽萌发，越冬卵孵化，为害春茶；越冬代羽化后迁出茶园[58]等特点，可将绿盲蝽的防治关键点放在秋季入园期，通过减少越冬卵数量降低绿盲蝽对春茶的为害。

此外，随着西南茶园面积大幅增加，茶饼病、白星病、赤星病等春茶期易发的病害对我国茶叶生产的影响将越来越大，但对这些病害缺乏有效防治技术；对于我国茶园发生面积最大的茶树病害“炭疽病”，也还缺乏高效的化学农药替代防控技术。同时茶炭疽病和茶云纹叶枯病等茶园主要病害的病原仍然模糊，在命名和鉴定技术上尚存“误区”，需待研究明确。对茶树与病原菌间互作关系的研究也相对滞后。无论是对病原菌致病性还是茶树抗病性的研究，对抗病品种培育和病害精准防控均具有重要的理论意义。

2. 防控技术创新将会开创茶园有害生物防治新途径

为应对挑战，必须不断创新发展茶树有害生物绿色防控技术，在对有害生物

深入了解的基础上，进行多学科的交叉融合是创新防控技术的有效途径。如在明确抗性机理的基础上，日本应用分子生物学技术改进了茶树育种技术，使得育种速度提高 1 倍以上，育种周期缩短至 10 年以下，近年来连续育成了抗炭疽病品种、抗轮斑病品种和抗桑盾蚧品种[59]；日本茶小卷叶蛾性信息素迷向剂的防治效果与化学农药相当，但成本却比化学防治低，其研制过程中，融合了化学合成、剂型制备、微电子学、信息科学等多个学科[60]。

“十四五”在预测预报方面，要充分利用现代信息技术建立远程自动化的茶园主要害虫预警测报平台，建立主要病害预测预报系统，增强茶树病虫害防控的预见性和计划性。

针对茶小绿叶蝉、食叶甲虫等茶树害虫及茶树主要病害，虽然已挖掘出多种高效生物防治资源，但对这些生物防治资源的工厂化人工繁育、田间高效使用技术还需深入研究。同时利用茶小绿叶蝉、黑刺粉虱等害虫的振动求偶特性，可创新发展物理防控新技术。化学生态学方面，要进一步扩大茶树害虫性诱剂种类并研发更加高效的使用技术，进一步发挥性信息素在茶园绿色防控中的作用；针对蓟马、网蝽、食叶甲虫等害虫，探明种内和三营养级间的化学通讯机理、茶树诱导抗性机理，研发引诱剂、诱抗剂，可为这些害虫的防控提供新手段。此外，加快建立茶树分子育种技术，培育抗茶饼病、白星病等重要病害的茶树品种，对茶园病害防控尤为重要。

3. 化学农药在未来仍将起到重要作用，需更加安全合理高效使用

化学农药在很大程度上保障了茶叶的正常生产。尤其是有害生物暴发时，化学农药可起到立竿见影的防治效果。今后一段时间内，化学农药仍将起到重要作用。但目前实际生产中水溶性农药的使用占比还是较高。同时有研究显示，茶小绿叶蝉已对虫螨腈、唑虫酰胺等“十二五”期间筛选出的高效低水溶性农药产生了抗性[61]。这就需要研究人员不断挖掘高效低水溶性农药新品种，逐步让高水溶性农药退出茶产业，并替换已产生抗性的农药。

在农药使用方面，由于劳动力短缺，植保无人飞机等高效施药器械的应用已是必然趋势，但作业效率高不一定能保证在防效、质量安全等方面满足茶叶生产

需求。研究显示，无人飞机施药会显著提高茶叶中农药残留水平[62]。因此，当务之急是从防治效果、质量安全等方面加强植保无人机等高效施药器械在茶园的应用技术研究。此外，结合智能识别、自动控制系统、高效喷雾技术，研发茶园精准高效施药装备是未来的发展趋势。虽然这方面已有相关工作开展[63-64]，但距离目标还有较长距离。

参考文献

[1] 倪康，蔡晓明，阮建云．践行绿色发展理念——推进茶园化肥农药减施［J］．植物生理学报，2016，52（12）：1766-1767.

[2] 施云龙．茶树抗炭疽病和抗冻机制及评价研究［D］．杭州：浙江大学，2020.

[3] 王玉春，刘守安，卢秦华，等．中国茶树炭疽菌属病害研究进展及展望［J］．植物保护学报，2019，46（5）：15-24.

[4] 唐美君，郭华伟，姚惠明，等．近30年我国茶树新增病害名录［J］．中国茶叶，2019，41（10）：14-15，20.

[5] 刘丽萍，高洁，李玉．植物炭疽菌属 *Colletotrichum* 真菌研究进展［J］．菌物研究，2020，18（4）：266-281.

[6] 陈宗懋，陈雪芬．茶树病害的诊断和防治［M］．上海：上海科技出版社，1990.

[7] MORIWAKI J，SATO T. A new combination for the causal agent of tea anthracnose：*Discula theae－sinensis*（I. Miyake）Moriwaki & Toy. Sato，comb. nov［J］．Journal of General Plant Pahtology，2009，75（5）：359-361.

[8] YAMADA K，SONODA R. A fluorescence microscopic study of the infection process of *Discula theae－sinensis* in tea［J］．Japan Agricultural Research Quarterly，2014，48（4）：399-402.

[9] ZHOU L Y，LI Y F，JI C Y，et al. Identification of the pathogen responsible for tea white scab disease［J］．Journal of Phytopathology，2020，168：28-35.

[10] ZHANG G H，YUAN Z J，ZHANG C X，et al. Detecting deep divergence in seventeen populations of tea geometrid（*Ectropis obliqua* Prout）in China by COI mtDNA and cross-breeding［J/OL］．PLoS ONE，2014，9（6）：e0099373. https：//doi. org/10. 1371/journal. pone. 0099373.

[11] 姜楠，刘淑仙，薛大勇，等．我国华东地区两种茶尺蛾的形态和分子鉴定［J］．应用昆虫学报，2014，51（4）：987-1002.

[12] ZHANG G H，YUAN Z J，YIN K S，et al. Asymmetrical reproductive interference between

two sibling species of tea looper: *Ectropis grisescens* and *Ectropis oblique* [J/OL]. Bulletin of Entomological Research, 2016: 1-8. https://doi.org/10.1017/S0007485316000602.

[13] LI Z Q, CAI X M, LUO Z X, et al. Geographical distribution of *Ectropis grisescens* (Lepidoptera: Geometridae) and *Ectropis obliqua* in China and description of an efficient identification method [J]. Journal of Economic Entomology, 2019, 112 (1): 277-283.

[14] QIN D Z, ZHANG L, XIAO Q, et al. Clarification of the identity of the tea green leafhopper based on morphological comparison between Chinese and Japanese specimens [J/OL]. PLoS ONE, 2015, 10 (9): e0139202. https://doi.org/10.1371/journal.pone.0139202.

[15] FU J Y, HAN B Y, XIAO Q. Mitochondrial COI and 16sRNA evidence for a single species hypothesis of *E. vitis*, *J. formosana* and *E. onukii* in East Asia [J/OL]. PLoS ONE, 2014, 9 (12): e0115259. https://doi.org/10.1371/journal.pone.0115259.

[16] 孟召娜，边磊，罗宗秀，等．全国主产茶区茶树小绿叶蝉种类鉴定及分析 [J]. 应用昆虫学报，2018，55 (3)：514-526.

[17] BIAN L, CAI X M, LUO Z X, et al. Foliage intensity is an important cue of habitat location for *Empoasca onukii* [J/OL]. Insects, 2020, 11 (7): 426. https://doi.org/10.3390/insects11070426.

[18] YAO Q, ZHANG H N, JIAO L, et al. Identifying the biological characteristics associated with oviposition behavior of tea leafhopper *Empoasca onukii* Matsuda using the blue light detection method [J/OL]. Insects, 2020, 11: 707. https://doi.org/10.3390/insects11100707.

[19] 林美珍．小贯小绿叶蝉的疏水性及其在控制中的潜在应用 [D]. 福州：福建农林大学，2017.

[20] 吴慧平，齐蒙，李叶云，等．中国茶园杂草无效名录修订 [J]. 茶叶科学，2019，39 (3)：247-256.

[21] 殷坤山，洪北边，尚稚珍，等．茶尺蠖性信息素生物学综合研究 [J]. 自然科学进展，1993 (4)：332-338.

[22] LUO Z X, LI Z Q, CAI X M, et al. Evidence of premating isolation between two sibling moths: *Ectropis grisescens* and *Ectropis obliqua* (Lepidoptera: Geometridae) [J]. Journal of Economic Entomology, 2017, 110 (6): 2364-2370.

[23] 罗宗秀，李兆群，蔡晓明，等．基于性信息素的茶树主要鳞翅目害虫防治技术 [J]. 中国茶叶，2018，40 (4)：5-9.

[24] 罗宗秀，苏亮，李兆群，等．灰茶尺蠖性信息素田间应用技术研究 [J]. 茶叶科学，2018，38 (2)：140-145.

[25] LUO Z X, MAGSI F H, LI Z Q, et al. Development and evaluation of sex pheromone

mass trapping technology for *Ectropis grisescens*: A potential integrated pest management strategy [J/OL]. Insects, 2020, 11 (1): 15. https: //doi. org/10. 3390/insects11010015.

[26] 陈宗懋，蔡晓明，周利，等．中国茶园有害生物防控 40 年 [J]. 中国茶叶，2020，42 (1): 1-8.

[27] XU X X, CAI X M, BIAN L, et al. Does background odor in tea gardens mask attractants? screening and application of attractants for *Empoasca onukii* Matsuda [J]. Journal of Economic Entomology, 2017, 110 (6): 2357-2363.

[28] CAI X M, BIAN L, XU X X, et al. Field background odour should be taken into account when formulating a pest attractant based on plant volatiles [J/OL]. Scientific Reports, 2017, 7: 41818. https: //doi. org/ 10. 1038/srep41818.

[29] BIAN L, CAI X M, LUO Z X, et al. Design of an attractant for *Empoasca onukii* (Hemiptera: Cicadellidae) based on the volatile components of fresh tea leaves [J]. Journal of Economic Entomology, 2018, 111 (2): 629-636.

[30] CAI X M, LUO Z X, MENG Z N, et al. Primary screening and application of repellent plant volatiles to control tea leafhopper, *Empoasca onukii* Matsuda [J]. Pest Management Science, 2020, 76 (4): 1304-1312.

[31] YE M, LIU M M, ERB M, et al. Indole primes defence signalling and increases herbivore resistance in tea plants [J]. Plant Cell and Environment, 2020, 44 (4): 1165-1177.

[32] CHEN S L, ZHANG L P, CAI X M, et al. (E) -Nerolidol is a volatile signal that induces defenses against insects and pathogens in tea plants [J/OL]. Horticulture Research, 2020, 7 (1): 52. https: //doi. org/10. 1038/S41438-020-0275-7.

[33] JING T T, DU W K, GAO T, et al. Herbivore-induced DMNT catalyzed by CYP82D47 plays an important role in the induction of JA-dependent herbivore resistance of neighboring tea plants [J]. Plant Cell and Environment, 2020, 44 (4): 1178-1191.

[34] XIN Z J, CAI X M, CHEN S L, et al. A disease resistance elicitor laminarin enhances tea defense against a piercing herbivore *Empoasca* (Matsumurasca) *onukii* Matsuda [J/OL]. Scientific Reports, 2019, 9: 814. https: //doi. org/10. 1038/s41598 - 018 - 37424-7.

[35] 边磊，吕闰强，邵胜荣，等．茶天牛食物源引诱剂的筛选与应用技术研究 [J]. 茶叶科学，2018，38 (1): 94-101.

[36] BIAN L, CAI X M, LUO Z X, et al. Decreased capture of natural enemies of pests in light traps with light-emitting diode technology [J]. Annals of Applied Biology, 2018, 173 (3): 251-260.

[37] 边磊，苏亮，蔡顶晓．天敌友好型 LED 杀虫灯应用技术 [J]. 中国茶叶，2018，40 (2)：5-8.

[38] 边磊，蔡晓明，陈宗懋．LED 风吸式杀虫灯对有效范围内茶小绿叶蝉虫口动态的影响 [J]. 植物保护学报，2019，46 (4)：902-909.

[39] 边磊．茶小绿叶蝉天敌友好型黏虫色板的研发及应用技术 [J]. 中国茶叶，2019，41 (3)：39-42.

[40] BIAN L，CAI X M，LUO Z X，et al. Sticky card for *Empoasca onukii* with bicolor patterns captures less beneficial arthropods [J/OL]. Crop Protection，2021. https：//doi. org/10. 1016/j. cropro. 2021. 105761.

[41] 唐美君，郭华伟，葛超美，等．EoNPV 对灰茶尺蠖的致病特性及高效毒株筛选 [J]. 浙江农业学报，2017，29 (10)：1686-1691.

[42] 姚惠明，叶小江，吕闰强，等．短稳杆菌防治茶尺蠖的室内生物测定和田间试验 [J]. 浙江农业科学，2017，58 (5)：809-810.

[43] 彭宇．茶小绿叶蝉植物源农药防治技术研究 [R]. 国家重点研发项目课题“茶园农药减施增效共性技术研究”科技报告，2020.

[44] 李慧玲．茶园天敌保护利用技术研究 [R]. 国家重点研发项目课题“茶园农药减施增效共性技术研究”科技报告，2020.

[45] 赵兴丽，张金峰，周玉锋，等．一株拮抗茶炭疽病菌的木霉菌的分离、筛选及鉴定 [J]．茶叶科学，2019，39 (4)：431-439.

[46] 孙钦玉，张家侠，杨云，等．紫苏和薄荷提取物对茶炭疽病病菌 (*Gloeosporium theae sinesis*) 的抑制作用 [J]. 中国植保导刊，2017，37 (5)：18-22.

[47] 杨文，刘惠芳，陈瑶，等．香茅草挥发物及其主要成分对 3 种茶树病原真菌的抑制性研究 [J]. 茶叶科学，2020，40 (2)：269-278.

[48] CHEN L L，YUAN P，POZSGAI G，et al. The impact of cover crops on the predatory mite *Anystis baccarum* (Acari，Anystidae) and the leafhopper pest *Empoasca onukii* (Hemiptera，Cicadellidae) in a tea plantation [J]. Pest Management Science，2019，75 (12)：3371-3380.

[49] LI J L，ZHOU Y，ZHOU B，et al. Habitat management as a safe and effective approach for improving yield and quality of tea (*Camellia sinensis*) leaves [J]. Scientific Reports，2019，9 (1)：73-91.

[50] 江宏燕，陈世春，刘翔，等．林下茶园蜘蛛群落及叶蝉种群时空结构研究 [J]. 中国农学通报，2020，36 (22)：111-115.

[51] 张洪，张孟婷，王福楷，等．4 种间作作物对夏秋季茶园主要叶部病害发生的影响 [J]. 茶叶科学，2019，39 (3)：318-324.

[52] 蒋慧光，张永志，朱向向，等．防草布在幼龄茶园杂草防治中的应用初探 [J].

茶叶学报，2017，58（4）：189-192.
[53] 张永志，王淼，高健健，等．间作鼠茅对茶园杂草抑制效果和茶叶品质与产量指标的影响［J］. 安徽农业大学学报，2020，47（3）：340-344.
[54] CHEN Z M，ZHOU L，YANG M，et al. Index design and safety evaluation of pesticides application based on a fuzzy AHP model for beverage crops：tea as a case study［J］. Pest Management Science，2019，176（2）：520-526.
[55] WANG X R，ZHOU L，ZHANG X Z，et al. Transfer of pesticide residue during tea brewing：Understanding the effects of pesticide's physico－chemical parameters on its transfer behavior［J］. Food Research International，2019，121：776-784.
[56] WEI Q，MU X C，YU H Y，et al. Susceptibility of *Empoasca vitis*（Hemiptera：Cicadellidae）populations from the main tea-growing regions of China to thirteen insecticides［J］. Crop Protection，2017，96：204-210.
[57] 王瑶，慕卫，张丽霞，等．杀虫剂对茶园3种常见刺吸式口器害虫的室内毒力评价［J］. 茶叶科学，2017，37（4）：392-398.
[58] 段永春，郑海涛，董书强，等．北方茶园绿盲蝽年种群动态规律研究［J］. 山东农业大学学报（自然科学版），2017，48（1）：24-27.
[59] 中国科学技术协会．2016—2017茶学学科发展报告［M］. 北京：中国科学技术出版社，2019.
[60] 陈宗懋．茶树害虫化学生态学［M］. 上海：上海科学技术出版社，2013.
[61] 李良德，王定锋，吴光远，等．福建省3个地区茶小绿叶蝉对5种常用农药的抗药性比较［J］. 茶叶学报，2020，61（3）：133-137.
[62] 楚博，罗逢健，罗宗秀，等．茶园应用植保无人飞机的可行性评价［J］. 茶叶科学，2021，41（2）：203-212.
[63] LEE S H，LIN S R，CHEN S F. Identification of tea foliar diseases and pest damage under practical field conditions using a convolutional neural network［J］. Plant Pathology，2020，69（9）：1731-1739.
[64] 潘梅，李光辉，周小波，等．基于机器视觉的茶园害虫智能识别系统研究与实现［J］. 现代农业科技，2019（18）：229-230，233.

（撰稿：蔡晓明，罗宗秀，边磊，李兆群，修春丽，付楠霞，陈宗懋*）

* 通信作者。

茶园机械研究“十三五”进展及“十四五”发展方向

茶园全程机械化生产是指农机与农艺技术相结合的基础上，从茶园种植、田间管理、收获直至茶叶加工等全程实现机械化作业。茶园生产机械化是茶叶生产现代化的基础，特别是在农村劳动人口持续下降的情况下，实现茶园机械化生产是茶叶产业健康发展的必由之路。

茶园生产管理，主要包括垦殖、耕作、施肥、植保、修剪、采摘等环节。近些年，茶园作业机械化的发展备受政府和茶叶界的重视，经过不懈努力，目前除了名优茶机械化采摘以及山区茶园机械化作业瓶颈问题以外，我国已经基本攻克了茶园生产全程各环节的机械化作业技术，基本建成了适合我国平地、缓坡地茶园生产全程的机械化作业技术与装备体系，目前正在逐步向全国茶园推广。据统计，我国茶园基本实现了茶树修剪、大宗茶采摘、植保等环节的机械化，10%~20%的平地茶园实现了机械化耕作与施肥。

一、我国茶园生产机械化技术“十三五”研究进展

我国茶园机械化起步于20世纪50—60年代，“十一五”末到“十二五”是集中发展期，基本奠定了“动力平台+”的机械化发展模式。“十三五”是继续推进期，重点就丘陵地区茶园轻简型机械化、作业装备自动化智能化、茶园生产智能管控等方面开展了技术攻关，取得了初步成效，使我国茶园机械化生产技术装备水平得到进一步提升。

1. 土肥管理机械

（1）茶园耕作机械

土壤耕作是土壤管理的主要技术措施之一，具有疏松土壤、清除杂草、防治病虫，调节土壤水、肥、气、热等良好作用；而施肥是提高土壤肥力和茶叶产量最有效、最直接的方法，是茶树栽培的重要环节。耕作施肥机械的正确选择和耕作技术的合理配套，对茶树生长和茶叶品质有着重要的影响。

"十三五"以来，随着我国科学技术水平的不断提高，茶园生产机械化技术得到了较快发展，一些较优作业性能的茶园耕作机械相继问世。农业农村部南京农业机械化研究所研制了 KM3CG-30 型小型茶园耕作机，采用柴油机驱动，同时利用仿生学模仿动物刨土及人工锄地的特点，采用针式翻耕法，具有较好的耕作效果。安徽助成信息科技有限公司发明了一种家用茶园中耕机，该机在传统中耕机的基础上增加了静刀片和静刀轴，作业时动定刀配合不缠草，作业性能良好[1]。盐城市盐海拖拉机制造有限公司研制了 3S-6 茶园手扶式深耕机，该机模仿人工深翻地块的特点，采用倒退式撬翻耕法，耕作深度达 30 cm，深翻效果良好。2020 年，无锡鼎君机械科技有限公司研制了 3TGQ-4 茶园管理机，该机针对丘陵山地茶园作业特点，采用模块化设计，可在 5 min 内实现快速拆装，单一模块最大质量 21 kg，配备塔式破土机具、旋耕机具，功耗较传统中耕机具降低 10%左右，为目前市场上应用情况最好的模块化丘陵茶园专用耕作机械，已在江苏、山东、湖南、四川等省推广应用。

（2）茶园施肥机械

施肥对茶树的生长发育，茶叶的产量、品质都具有重要意义。1970 年前后，我国开始研究茶园施肥机械，经过几十年的发展，一些机型已经被推广使用，但因茶园行间距小，机具作业不便，大多为施用颗粒复合肥的撒施小型机械。针对上述情况，"十三五"以来无锡华源凯马发动机有限公司研发了 KM2F-3 手扶式施肥机，机身宽度仅有 57 cm，撒肥直径达 3 m，可撒施可条施。2018 年，江苏农林职业技术学院研发了一种茶园深松施肥机，其主要包括机架、肥料箱、深松铲、限深轮、变速箱等[2]。该机型尺寸与茶行尺寸相匹配，适合跨行作业，且其作业时开沟离茶树根系距离适当，不易伤根；1 次作业可开 4 条沟，作业效率较高。

茶园有机肥用量大，传统采用先开沟、再施肥、最后覆土的作业方式，费时费力，很多茶园因此采用直接撒施方式，肥效很低。针对这种情况，威海市果树茶叶工作站发明了液压式茶园自行走有机肥施肥机，该机主要由车架、肥料箱、刮料机构、传动链轮等组成，该发明主要解决了现有机型施肥成本高、作业效率低的问题[3]。2020 年农业农村部南京农业机械化研究所研发了一种双螺旋横置自主施肥机械，该机主要由横置排列的 2 个螺旋破土排肥器组成，作业时排肥器反向旋转破土，肥料经施肥器中空管施入土层，可一次性完成开沟、施肥、覆土作业，同时，集成了施肥深度自适应保持系统和螺旋输肥系统，实现了变量、变位、变深施肥作业，目前已小批量生产推广使用；此外还研发了链式开沟施肥机、圆盘式开沟施肥机等施肥作业机具，均可与其研发的低地隙履带动力底盘配套作业。

2. 茶树管理机械

（1）茶树植保机械

我国茶园中大多使用大田植保机械进行病虫害防治，其机型种类较多，有喷粉机、喷雾机、喷灌机等。“十三五”以来，劳动力日渐紧缺，小型植保机械作业效率无法满足防控作业需求，大型植保机械需求日益增加。农业农村部南京农业机械化研究所研制了 2FS-16 型低地隙茶园风送植保机，该机具有作业面积大、农药利用率高的特点，作业效率可达 0.67 hm^2/h；同时还研发了喷杆喷雾机，该机与低地隙履带底盘、高地隙跨行履带底盘配套，作业效率分别可达 0.93 hm^2/h、1.20 hm^2/h。

“十三五”期间，负压物理捕虫、电网杀虫等新型物理防治新技术装备应运而生。负压捕虫机采用物理吸附原理，首次捕虫率可达 70%。另外还有KM3XC-30 便携式负压捕虫机、低地隙负压捕虫机、高地隙负压捕虫机等负压捕虫装备。

频振式诱虫灯在茶园应用较多，但其无法移动、益害不分、白天工作效率低等问题制约了技术的应用。中国农业科学院茶叶研究所陈宗懋院士团队和农业农村部南京农业机械化研究所果蔬茶团队分别研制了“天敌友好型诱虫灯”和“光电气色组合式除虫装备”，该系列装备均可全天工作，白天和黑夜分别通过色板及灯光诱集害虫，然后利用电网击杀，该装置已在南昌、重庆、南京、扬州等地示范应用。另外，随着计算机技术的发展，物联网技术在病虫害防治领域也开始应用[4]。通过传感器节点精准监测作物的病虫害信息，监测到的信息通过网络系统传递到控制中心，控制中心处理数据后将信息反馈给各用户。基于物联网技术的茶树病虫害公共服务平台也在探索中，该平台集病虫害检索系统、病虫害监控预警系统于一体，可对茶树病虫害进行综合防治。

（2）茶树修剪机械

目前市场上大多数的茶叶修剪机为往复切割型，主要由汽油机、往复切割刀、传动机构、机架等组成。根据作业功能可将其分为单人手提式，双人抬式轻、重、深型修剪机和侧边修剪机等。“十三五”之前，茶园修剪作业大多采用往复式单人或双人修剪机作业，以浙江川崎、杭州落合等日本合资企业产品为主，因其结构简单、作业效率高，在全国茶园迅速得到应用，使茶树修剪成为我国第一个机械化率达到50%的茶园作业。“十三五”以来，劳动力老龄化问题凸显，手持式、背负式修剪机械因劳动强度大已不再是首选，手扶式、自走式修剪机械得到广泛应用。2016 年，戴有华等[5]基于 UG 软件设计了一种手扶式茶树修剪机，并对整机结构进行有限元分析与优化。四川省农业机械研究设计院公开的发明专利履带自走式茶蓬修剪机，配有履带式底盘，可实现复杂地况自行行走，具有劳动强度低、作业平稳等优点[6]。2017 年，江苏大学发明了一种圆盘式茶树修剪机，该机主要由机架、升降平台、滑柱、圆盘式切割器、变速箱等机构组成，可精确调整切割高度，适合茶树的深修剪、重修剪及台刈作业[7]。邓小龙等[8]对茶树修剪机振动噪声进行研究，通过增设隔音罩、安装排气消声器和使用软质大阻尼悬置元件等方法降低茶树修剪机作业时的噪声。2018 年，恩家智能科技有限公司设计了一种单刃茶树修剪机，该机采用自主研发的电机配合松下进口锂电池，可持续作业 8 ~ 10 h，同时具有无极调速、定速巡航等功能，可应用于园林和茶园修剪等[9]。农业农村部南京农业机械化研究所设计了一种自走式茶树台刈机，该机通过履带式底盘实现自主行走，位于两侧的旋切刀组可将茶树切成多段，且理论上可贴地作业，最大程度避免了树枝堆积阻塞[10]。此外，该所与无锡华源凯马发动机有限公司联合研制了一种茶树侧面修剪机，可同时修剪茶行侧边，具有轻简高效的特点。

3. 灾害管理机械

（1）茶园喷灌机设备

茶园喷灌对于茶树抗旱、防霜冻具有重要作用。目前茶园喷灌设备主要有移动式、半固定式和固定式 3 种。近年来随着计算机、自动控制技术的不断发展，自动化程度较高的喷灌系统逐渐发展起来。张艳[11]开展了基于 PLC 茶园恒温喷灌系统研究，设计了一套由 PLC、变频器、远程压力表、2 台水泵机组、计算机、通信模块等组成的全自动变频恒压供水系统，该系统可实现全自动变频恒压运行、自动工频运行、远程手动控制和现场手动控制等功能。同时该系统具有较高的稳定性和较多的辅助性能。安溪华祥苑茶基地有限公司[12]申报了茶园水肥药一体化喷灌系统的实用新型专利，该系统通过进出控制系统、混匀系统、需求探测系统和中央控制系统，实现水、肥、药一体化作业，使茶园管理自动化程度大大提高。

“十三五”期间，随着“智能农机”“智慧茶园”等新技术、新观念等引入，茶园生产管理智能化水平得到快速提升，其中喷灌系统以其更接近于工业化的作业特点，自动化、智能化喷灌系统得到快速应用。2017 年，蔡彬等[13]设计了一种基于无线传感网络的茶园智能化喷灌系统，该系统由检测部分和执行装置组成，可针对不同茶树生长期对土壤、温度、盐分、水分等因素的需要，进行实时精准灌溉。福建大用生态农业综合发展有限公司申报了实用新型专利：一种茶园移动喷灌装置。该装置的喷灌范围更大，同时由于有过滤装置[14]，作业更加环保。2018 年，湖州职业技术学院发明了一种茶园自动喷灌系统[15]，该系统主要包括土壤湿度检测器、光照传感器、主控器、喷灌装置、雨水收集装置、蓄水房和太阳能供电装置等，该系统采用太阳能提供动力，可将雨水储存，用相关传感器检测光照强度和土壤湿度，并由控制器自动控制喷灌阀门的开启，实现全自动茶园喷灌，具有节能环保、自动化程度高的优点。付文哲[16]发明了一种茶园喷灌系统，其包括水池、泵、第一过滤器、给料单元和灌溉单元，具有控制简易、灌溉均匀的优点。

（2）防霜风扇

冻害是茶园重要的自然气象灾害之一，但目前的冻害防控装备比较单一，主要是引进日本的防霜风扇，国内对此项技术研究较少。2017 年江苏大学胡永光教授团队研发了国产防霜风扇，已在国内推广应用。但总体上我国茶园应用的冻害防治机械设备多为从日本进口的防霜风扇。

4. 采茶机械

采茶机械和修剪机械为同时期作业机械，目前主要应用的大多为日本川崎、落合等公司的产品，双人抬式采茶机几乎垄断了国内市场，但由于国内名优茶等工艺要求较高，往复式采茶机无法达到采摘要求，包括日本川崎生产的 KJ4N 乘坐式采茶机在内的系列采茶机械只在大宗茶等经济附加值相对低的茶叶产品生产中应用。名优茶机械化、自动化、智能化采摘机械的缺乏严重制约着茶产业的发展。“十三五”期间，视觉识别、精准定位及采摘手臂等仿生采摘技术研究取得较大进展，机械化采摘技术快速发展。2016 年，汤一平等[17]设计了一种基于机器视觉的乘用式智能采茶机，提出了自动识别茶叶嫩芽和割刀自动调平控制方法，试验表明该机可解决现有采茶机无选择性切割老叶和嫩芽的弊端。2017 年，吴先坤等[18]设计了单人背负式采茶机，试验结果表明：该机漏采率小于 2%，采摘芽叶完整率大于 85%，该机适用于多种类型的茶叶采摘。2018 年，杜哲等[19]应用 ADAMS 软件对双动割刀往复式切割器进行仿真研究，得到齿距 20 mm、齿高 19 mm、刀机速比 1.05 为最优组合，同时进行了田间对比试验，结果表明仿真结果可信，误差在允许范围内。辛文文[20]对采茶机器人自动控制系统进行设计与分析，该控制系统依据 TMS320F2812DSP 内核实现，由 C 语言进行编写，并置入 DSP 控制板内，满足串口通信与数据分析的伺服控制，确保了茶叶采摘的回收率与品质。侯巧生等[21]发明了一种手提式电动采茶机，该机由直流无刷电机、动力传动机构、剪切刀具、蓄电池组组成，由于增加了电机调速功能，既适应采茶机实际作业要求，同时也可保护电机。2019 年，江西师范大学发明了一种往复切割式采茶机[22]，该发明采用独特的锯条结构和切割孔设计，使机器作业时能接触不同角度生长的茶叶，且其收集装置有茶叶筛选功能，可对收获后的茶叶进行初步筛选，该装置具有较高的商业前景。2020 年，农业农村部南京农业机械化研究所综合茶叶采摘质量与效率指标，创新提出基于树冠培育的有限选择性采摘思路，创制了优质茶叶智能采摘机器人，利用不同成熟度茶树新梢对红外光谱的反射率不同，成功攻克复杂多变环境下茶叶芽头的识别、定位的难题；并在采摘路径高效规划和采摘控制等方面取得突破，实现了茶叶芽头的精确识别与高效采摘，实现了茶叶较高水平的智能化采摘。浙江理工大学提出并研制了一种基于超声波传感器的机采茶蓬面割刀仿形方法与样机，提出了一种基于非线性跟踪微分器的 PNTD 控制律，构建了基于 CAN 总线的仿形单元分布式控制结构，实现了该分布式控制结构的低成本 RCP 系统，采摘质量基本满足机械化采茶技术标准和大宗绿茶制作工艺要求。

5. 智慧管控

“十三五”以来，随着计算机、大数据等信息科学的发展，物联网技术发展愈来愈成熟，已经逐渐在茶园中应用。张威劲[23]申请公开了一种基于物联网技术的智慧茶园安全监控平台的专利，包括控制系统、数据系统、监控系统、网络系统。数据系统，用于监测管理茶园中茶树生存环境各监测模块的运行；监控系统，用于茶园安全监控；网络系统，用于用户请求和反馈处理、远程访问通讯、数据存储；数据系统的各个传感器通过 RS485 串口连接至 LAN 局域网，通过交换机传输至茶园指挥中心，指挥中心根据茶园监测数据，通过 LAN 网络传输指令至控制系统控制茶园中的装置及机器人调整作业状态。远程用户可以通过专网/VPN 连接至茶园指挥中心，通过客户端观察茶园数据。上述平台能够对茶树进行实时监测，还能够监控茶园内部安全，使茶园环境监测数据更加可靠。

中国计量大学将茶园与分布式光伏有效结合起来，将物联网技术应用于茶园远程监测，以 STM32 为微控制器，开发了基于物联网的光伏茶园监测系统。该系统能够采集茶园的各项数据，并发送到远程服务器，实现数据的远程查看和共享，利用这些数据可用于优化光伏茶园系统，从而提高茶叶的产量[24]。

广东省农业科学院茶叶研究所也开展了茶园生境智慧管控技术研究，从茶园整个生态系统出发，以完善和提升生态系统功能、促进系统平衡稳定为目的，对茶树生长环境进行智能、系统的管控，从而提高茶叶的产量和品质，建立了一套适合广东生态茶园发展的茶园生境智慧管控技术。该技术主要包含茶园土壤生态调控技术、茶园生态位配置与管控技术、茶园病虫害监测预警与生态防控技术、茶园生境环境信息自动化感知技术、茶园水分智慧管控技术以及茶园生境智慧管控专家服务系统等。根据广东省各茶区的主栽品种、气候环境、土壤和植被的差异特征，合理使用茶园生境智慧管控相关技术，改变了茶园种植结构，强化了生物多样性增益控害的服务功能，促进了广东省生态茶园建设，推动了广东省茶产业可持续健康发展[25]。

广东职业技术学院以物联网技术为基础，构建了一个智慧茶园控制系统，以解决在传统的茶树种植过程中施肥、灌溉、除虫和采摘等问题，实现了茶树种植过程的精细化管理。并提出构建一个专家系统，使用紫峰网络来采集茶园土壤温湿度、光照度等数据并进行挖掘，以此辅以视频监测，精细化管控茶树种植过程中的各项工作[26]。

曲阜师范大学开发了一套集软硬件于一体的高标准现代茶园物联网系统，以提高茶园综合管理能力[27]。该系统将整个基于物联网技术的智慧茶园管理系统划分为感知执行层、传输层和应用层 3 部分，分别集成了采集终端传感器、系统微控制器、智能水肥药一体机等设备。开发了基于 Spring Cloud 智慧茶园云管理平台，分为茶树生长环境监测平台、视频监控平台、水肥药一体化调控平台、茶叶质量追溯平台、茶树生长过程综合管理平台 5 个子平台，为实现智慧茶园的精准控制管理提供了平台技术支撑。采用优化的 AlexNet 神经网络作为基本架构，先对病虫害图像样本进行优化，然后将预处理后的图像样本输入模型进行训练并测试，为实现视频监控子平台的病虫害图像识别功能提供理论依据。该系统设计合理，能够有效提高茶园的管理效率，具有一定的可推广性。

赵小娟等[28]研发了一套基于物联网技术的茶树病虫害监测预警系统。该系统基于物联网、多媒体、计算机图像识别、GIS 等技术设计了茶树病虫害监测预警系统，结合自动虫情灯、自动性诱仪、孢子捕捉仪、智能气象仪、高清摄像机等物联网硬件设备，实现茶园环境数据、病虫害信息的自动化监测和病虫害信息在地图上的可视化展示，并通过构建病虫害发生的环境气候模型，对病虫害发生进行预警。茶树病虫害监测预警系统在英德市试点茶园进行了应用，实现了茶园生产环境监测、虫情监测、病虫害预警等功能，提高了茶园病虫害防治工作效率，促进了当地茶叶产业的经济效益增长和可持续发展。

二、我国茶园机械研究存在的问题

我国茶园生产机械化技术在“十三五”期间取得了长足的发展，重点针对丘陵山区轻简型作业机具、智能化作业机具开展了技术攻关。5 年来，茶园耕作、施肥、除草、修剪、采摘、植保等环节研发出了背负式、手扶式、乘坐式和遥控式全程系列作业机械，解决了茶园生产无专用机械可用的问题，同时提出了“动力平台+”的技术作业模式，制定了平坡、缓坡、陡坡不同地形茶园机具配置方案，进一步优化和完善了我国茶园机械化生产装备技术体系。一方面使茶园机械化生产技术装备体系更加完善，为茶园生产全面机械化、现代化奠定了坚实基础；另一方面，使得茶园生产机械化观念深入人心，茶园宜机化改造的接受度愈来愈高。茶园生产机械化出现了良好的发展势头。

我国虽然是茶叶大国，但由于农机农艺融合度差等原因，导致目前茶园作业的综合机械化率依然较低，据统计，全国茶园综合作业机械化率不足 30%，这远远落后于主要粮食作物。虽然在茶叶生产的耕作、中耕植保、修剪、收获等环节均有机械可用，但现有机械存在作业操作友好度较低、舒适性较差、劳动强度大、适应性较低、智能化程度低、作业仍然需要较多人工参与等问题[29-32]。山地丘陵地区茶园仍以人工生产为主，生产成本居高不下，作业效率与经济效益较低，严重制约着茶叶产业的发展。这距离真正的智慧管理、无人生产的要求还有很大的差距。在农村劳动力总量持续下降、老龄化加剧的背景下，机械生产装备的推广与应用也面临诸多困难。当前，茶园生产全面机械化依然是茶叶产业发展所要面临的重要科技命题。

三、茶园机械研究“十四五”发展方向

“十三五”期间茶园机械化发展硕果累累，成效显著，为茶叶产业的阶段性发展提供了重要的技术装备支撑，但依然存在诸多问题有待解决。未来我国茶园生产机械化发展重点应放在以下几个方面。

1. 生产装备智能化

结合自动化控制、机械电子等技术，提高茶机智能化作业水平。发达国家设计的茶园生产机械已经广泛采用了智能检测、自动化控制、机-电-液-气驱动等技术，这些技术的采用一方面提高了茶叶生产机械的作业效率和精度；另一方面，有效降低了人工劳作强度，实现了绿色生产作业。因此，国内茶机研发也应朝这个方向发展，借鉴工业上成熟的机器视觉、智能检测、自动化控制等技术，结合机-电-液-气等新型驱动方式，研发自动化程度高、绿色清洁的新型茶叶生产机械。

采摘是茶叶生产的核心环节，相较于其他作物，茶叶嫩芽柔软易伤的物理特性决定了其采摘环节要求更加精准；由于结构和材质限制，传统的纯机械式采摘器采摘质量还有待提高。因此，应结合机械、液压、气动等技术，同时考虑工业上新型材质，设计出损伤率较小的采摘器，以提高采茶作业质量。

2. 丘陵山区作业机械化

我国茶园种植区域广泛，大多分布在丘陵山地等地带，且茶树是多年生植物，因此无论从地理环境还是农艺上都决定了今后相当长一段时间内，结构简单的轻小型茶园机械与自动化程度高、作业效率高的大型茶园机械并存，以适应当下茶园生产机械化的需求。因此，我国在研发自动化程度高的大型茶园机械的同时，也应着重研发一些结构简单、易于推广的小型茶机，以期加快机器换人速度，提高我国丘陵山地茶园生产机械化作业水平。

3. 茶园智慧管控

随着信息技术、人工智能等学科的发展，无人化生产管理已经不再遥远。不管是基于无线传感网络的灾害管理系统中的智能检测、智能决策、灾害预警，还是智能装备的最优路径规划，已有相应的技术应用。随着工业技术的发展和社会的进步，人们对无人化劳动作业的向往日益强烈，人工智能技术在茶园机械化发展中的应用必将日益广泛，茶园智慧管控是将成为应对农村劳动力短缺的有力举措，也是未来茶园生产方式发展的必由之路。

参考文献

[1] 安徽助成信息科技有限公司．一种茶园中耕机：CN105340389A［P］. 2016-02-24.

[2] 江苏农林职业技术学院．一种茶园深松施肥机：CN108668538A［P］. 2018-10-19.

[3] 威海市果树茶叶工作站．茶园用液压自行走有机肥施肥机：CN207897382U［P］. 2018-09-25.

[4] 徐德良，王敏鑫，邵元海．物联网技术在茶树病虫害防治中的探讨［J］. 茶叶，2014，40（3）：155-156，163.

[5] 戴有华，段元帅．基于UG的手扶式茶树修剪机的虚拟样机设计与分析［J］. 安徽农业科学，2016，44（32）：197-199.

[6] 四川省农业机械研究设计院．履带自走式茶蓬修剪机：CN205623359U［P］. 2016-10-12.

[7] 江苏大学．一种圆盘式茶树修剪机：CN107637303A［P］. 2018-01-30.

[8] 邓小龙，王书文，张东东，等．一种茶树修剪机振动噪声特性测试与研究［J］. 农业装备与车辆工程，2017，55（10）：38-43.

[9] 佚名．恩加电动单刃茶树修剪机［J］. 现代农机，2018（6）：43.

[10] 农业部南京农业机械化研究所．一种茶树台刈机：CN108575386A［P］. 2018-09-28.

[11] 张艳．基于PLC茶园变频恒压喷灌自动控制系统的设计［J］. 农技服务，2015，32（12）：4-7.

[12] 安溪华祥苑茶基地有限公司．茶园水肥药一体化喷灌系统：CN205143081U［P］. 2016-04-13.

[13] 蔡彬，缪子梅，褚琳琳，等．基于无线传感网络的茶园智能化喷灌系统［J］. 节水灌溉，2017（11）：93-96.

[14] 福建大用生态农业综合发展有限公司．一种茶园移动喷灌装置：CN207543916U [P]．2018-06-29.
[15] 湖州职业技术学院．一种茶园自动喷灌系统：CN208387486U [P]．2019-01-18.
[16] 付文哲．一种茶园喷灌系统：CN208657549U [P]．2019-03-29.
[17] 汤一平，韩旺明，胡安国，等．基于机器视觉的乘用式智能采茶机设计与试验 [J]．农业机械学报，2016，47 (7)：15-20.
[18] 吴先坤，李兵，王小勇，等．单人背负式采茶机的设计分析 [J]．农机化研究，2016，47 (7)：92-96.
[19] 杜哲，胡永光，王升．便携式采茶机切割器运动仿真与试验 [J]．农机机械学报，2018，49 (s1)：221-226.
[20] 辛文文．采茶机器人的机械自动化控制系统设计分析 [J]．福建茶叶，2018，40 (8)：151.
[21] 侯巧生，陈晓旭．手提式电动采茶机：CN208754724U [P]．2019-04-19.
[22] 江西师范大学．一种往复切割式采茶机：CN109673257A [P]．2019-04-26.
[23] 张威劲．一种基于物联网技术的智慧茶园安全监控平台：CN112348407A [P]．2021-02-09.
[24] 徐松镭，杨昊．基于物联网的光伏茶园监测系统设计 [J]．信息与电脑（理论版），2021，33 (1)：95-96.
[25] 陈义勇，黎健龙，周波，等．茶园生境智慧管控技术助推广东茶产业可持续健康发展 [J]．广东农业科学，2020，47 (12)：193-202.
[26] 沈萍，邓国斌．物联网的智慧茶园控制技术 [J]．福建电脑，2020，36 (6)：109-111.
[27] 陈玉．基于物联网技术的智慧茶园管理系统设计 [D]．曲阜：曲阜师范大学，2020.
[28] 赵小娟，叶云，冉耀虎．基于物联网的茶树病虫害监测预警系统设计与实现 [J]．中国农业信息，2019，31 (6)：107-115.
[29] 陈加土，毛伟，周宇晓．茶叶生产机械化现状与发展思考 [J]．时代农机，2019，46 (4)：15-16.
[30] 韩余，肖宏儒，秦广明，等．国内外采茶机械发展状况研究 [J]．中国农机化学报，2014，35 (2)：20-24.
[31] 邱瑞瑾，吴健华，龙志荣，等．广西梧州茶园机械化生产现状及对策 [J]．中国茶叶，2019，41 (7)：60-64.
[32] 代红朝，肖宏儒，梅松，等．茶园中耕机械化发展现状与对策分析 [J]．农机化研究，2017，39 (4)：263-268.

（撰稿：宋志禹，韩余，丁文芹，占才学，蒋清海）

茶叶加工“十三五”进展及“十四五”发展方向

“十三五”期间，茶叶加工在基础理论研究、工艺技术创新、加工装备和生产线研发等方面取得了较大突破，加工过程在制品品质状态初步实现有效监测，加工装备机械性能和参数调控精准度明显改善，多个茶类自动化连续化生产线广泛应用，标准化定向化技术体系陆续建立并被应用，从而为“十四五”茶叶加工的高质量发展奠定了坚实的基础。“十四五”期间，茶叶加工科技创新将面临新的挑战和需求，须以市场需求为引领，瞄准绿色化、智能化作业方向，突破重大基础理论、前沿颠覆性技术和产业关键核心技术，努力实现茶产品品质升级及特色创制，不断提升茶产品的科技含量和附加值，为茶叶加工业现代化和茶产业科技腾飞提供有力支撑。

一、“十三五”期间茶叶加工主要进展

1. 加工过程在制品品质状态进一步明确

（1）在制品物理特性研究

茶叶的物理特性是茶叶品质状态的外在体现，它是茶叶机械设计、加工工艺选择、参数优化，以及品质状态评价的重要参考依据。过去5年，茶叶物理特性的研究主要集中在色泽、热特性、力学特性、电学特性及光谱特征等几个方面。

色泽方面，研究人员利用机器视觉追踪茶叶加工过程的色泽变化，精准感知

叶片的色彩空间分布，初步实现了萎凋、发酵、干燥等工序进程的准确把控[1-2]。安徽农业大学张正竹团队利用阵列式色彩传感器和电子眼开发的机器视觉系统，使萎凋程度的准确判定达到90%以上[3]。中国农业科学院茶叶研究所江用文团队利用机器视觉技术对发酵过程叶片的色彩空间变化的非线性捕捉，使红茶发酵程度的准确判别超过93%[2]。

茶叶热特性方面，主要是利用离散仿真和流体仿真技术，模拟茶叶杀青和干燥过程的热运动和热传质过程，实现对绿茶杀青和干燥设备的结构优化。虞文俊[4]利用仿真模拟耦合分析离散场、流场和温度场，优化出滚筒结构的最优参数：倒叶板螺旋角15°、倒叶板倾角21°、滚筒转速37 r/min、滚筒锥角4°、倒叶板高度55 mm。

茶叶力学特性研究涉及质构特性（弹性、塑性、剪切力等）、容重、摩擦力（休止角、滑动角）等内容，针对茶鲜叶或在制品力学特性变化规律，改进茶叶加工工艺并提出精准化的工艺技术参数。西南大学童华荣团队系统研究了萎凋叶的主要物理特性，指出水分是影响萎凋叶弹性、塑性等物理性质的最主要因素[5]。

茶叶的电学特性主要集中在红茶加工领域，用来捕捉或响应揉捻或发酵过程茶多酚氧化、聚合等反应过程，实现茶多酚含量、揉捻和发酵适度的无损感知和判别。Zhu等[6]利用数字电桥检测发酵过程中茶叶的电特性参数对儿茶素和茶色素（茶黄素、茶红素、茶褐素）的变化响应，优化出一套基于发酵叶电特性的发酵程度判别技术。

茶叶的光谱特征是最近几年备受追捧的研究热点，其中高光谱和近红外作为最主要的光谱技术手段与化学计量学和机器学习方法深度融合[7-8]，已经在茶叶成分（咖啡碱、儿茶素、茶黄素、茶氨酸）检测[9-11]、产品（红茶、绿茶、黑茶等）分类[12]、成品茶（祁红、龙井、铁观音等）分级[13-16]、加工工序（发酵、揉捻、干燥）适度判定[17-19]、产地溯源和掺杂掺假（掺糖、异物）检测等方面取得实质性突破[20-22]。

茶叶物理品质状态的相关研究，将作为未来茶叶加工生产领域的重要技术积累，为实现茶叶生产全链条数字化过程提供有力支撑。

(2) 在制品化学特性研究

茶叶的化学组成是滋味、香气、色泽等感官品质形成的物质基础，它不仅决定着消费者的喜好、偏爱和市场接受度，同时反映茶叶加工过程工艺技术的选择是否得当。近年来，学者们梳理了茶叶中主要化学成分对茶汤苦味（咖啡碱、非没食子儿茶素等）、涩味（黄酮醇糖苷、茶多酚、没食子儿茶素等）、鲜味（茶氨酸、琥珀酸、3-没食子酰基奎宁酸等）的贡献作用[23]，解构了绿茶（紫罗酮、苯乙醇等）、红茶（美拉德反应衍生的呋喃等氮杂环化合物）、乌龙茶（橙花叔醇等）、黑茶（甲氧基苯类物质）等的关键香气物质[24-28]，阐明了关键呈色物质包括黄酮类、儿茶素聚合产物（茶黄素等）、叶绿素和胡萝卜素类对干茶和茶汤色泽的影响[29-31]。同时，借助代谢组学方法和高分辨质谱技术（HRMS）对茶叶加工过程品质成分的动态变化、转化途径等进行更系统和全面的梳理，为加工工艺的精准化把控提出了更加明确的理论依据。如明确了萎凋、发酵、渥堆等过程中黄酮类、氨基酸、挥发性成分等含量和组成的变化作用途径[32-34]，探索绿茶、红茶、乌龙茶加工过程挥发性和非挥发性物质的动态变化规律[35-37]，解析白茶、红茶、黑茶贮存过程代谢特征变化[38-40]。深度挖掘了绿茶加工过程叶绿素的降解、转化途径及影响因素[31]，全面分析了工夫红茶加工过程类胡萝卜素及其衍生物的动态变化[29]，系统研究了不同发酵程度茶叶中黄酮苷类物质的代谢特征差异[41]。此外，还对最近几年引起广泛关注的多酚、氨基酸衍生物进行了探索性研究，如茶叶中吡咯烷酮-儿茶素合成产物（Flavoalkaloids）的鉴定分离[42]，聚酯型儿茶素酶促形成机制及形成影响因素的研究，高级糖基化终端产物（AGEs）的形成途径及演变规律的解析[43]。

2. 传统加工工艺与现代技术的融合更为紧密

“十三五”期间，食品加工高新技术不断被应用于传统茶叶加工技术的创新研究，新工艺、新技术涌现，技术参数精准化逐步深入，茶叶加工技术得到了多层次、多方位的快速发展，并不断向数字化、定向化迈进。

(1) 绿茶加工技术研究

“十三五”期间，在国家重点研发课题“绿茶标准化加工技术研究和装备开发”的资助下，扁形、针形绿茶的加工工艺和装备得到了进一步升级，研发出球形、条形绿茶的成套标准化加工技术，并在产业上示范应用。就工序而言，杀青和干燥是“十三五”期间绿茶加工技术研究的重点，开发出滚筒-热风耦合杀青、三相组合式杀青等新技术，通过多方式组合提升杀青作业功效和品质，如滚筒-热风耦合杀青可以使杀青叶同时受到滚筒筒壁和热风的双重作用，既保持了因在制品与筒壁摩擦带来的香气高锐特色，又能借助热风的快速脱水促进色泽绿润，整体品质优异；研制出滚烘干燥新技术，能够提升产品滋味鲜爽度和香气馥郁度，并针对清香、栗香等不同风味特色分别提出适宜的干燥工艺参数[44]。

（2）红茶加工技术研究

“十三五”期间，在国家重点研发课题“工夫红茶标准化加工关键技术研究与装备研发”等项目的资助下，富氧萎凋、补光萎凋、动态发酵等一系列工夫红茶加工新技术开发成功，初步实现了高品质工夫红茶或特色工夫红茶的定向化加工；如富氧萎凋技术有助于加速儿茶素降解，促进茶黄素、聚酯型儿茶素等品质成分的形成，适于加工高含量多酚转化物的红茶[45]；动态发酵技术可提高叶内多酚氧化酶活性，促使茶黄素和茶红素形成，同时保留较高含量氨基酸和可溶性糖等成分，使得所制工夫红茶外形乌润，汤色红艳带金圈，滋味甜醇爽口，甜香高长。通过技术的集成创新，研究提出不同类型（大叶种、中小叶种）、不同嫩度（一芽一叶至一芽二叶、一芽二叶至一芽三叶等）原料的工夫红茶标准化加工工艺技术，并在产业中得到广泛应用。

（3）乌龙茶加工技术研究

乌龙茶设施做青技术进一步优化，对做青环境的温度、湿度、光照、光质等参数实现了精准调控，标准化工艺参数得到改善（如光波波长>520 nm，做青叶含水量65%~68%时较佳），摆脱天气制约，提升生产效率的同时，品质稳定性也得到有效改善；乌龙茶机械水筛摇青技术、组合式造型（包揉）技术等在产业上得到初步应用，取得了较好成效。福建农林大学孙威江主导制定的国家标准《乌龙茶第4部分：水仙》（GB/T 30357.4—2015）荣获2018年福建省标准贡献奖一等奖，该标准首次为中国紧压乌龙茶制定了感官品质和理化指标，从控制产品质量着手，稳定和提高水仙茶品质，进一步规范了全国各地水仙乌龙茶的规范生产、加工、销售以及产品的出口贸易，促进了乌龙茶产品标准体系的完整性与系统性，解决了水仙茶产品无标可依的难题，也为乌龙茶国际标准的制定提供了重要基础。

（4）黑茶加工技术研究

湖南农业大学主持的“黑茶提质增效关键技术创新与产业化应用”项目发明了黑茶诱导调控发花、散茶发花、砖面发花及品质快速醇化等加工新技术，大力提升了黑茶产业的加工技术水平，并在2017年荣获国家科技进步二等奖。黑茶加工的关键工序——渥堆的标准化参数逐步明确：青砖茶的适宜渥堆参数为潮水量30%、渥堆温度55 ℃、时间25 d、相对湿度95%；湖南黑毛茶的适宜渥堆参数为渥堆叶含水率64%、渥堆温度41 ℃、时间20h。黑茶加工工艺参数标准化程度不断提高，开发出新型渥堆翻堆技术，可有效稳定在制品品质。

（5）白茶加工技术研究

“十三五”期间，中国农业科学院茶叶研究所主持的“白茶提质增效关键技术创新与产业化应用”项目，揭示了白茶储存陈化机理，发现了白茶贮存年份相关的特征性生化成分，研发了生物酶法提高白茶滋味品质技术等新技术，提升了白茶生产效率与品质。就工序而言，萎凋是“十三五”期间白茶加工技术研究的重点，设施萎凋技术研究不断深入，实现了白茶萎凋环境温度、相对湿度、光质光强等的精准调控，探明了红光萎凋技术可促进酯型儿茶素的适量降解以及氨基酸的积累，可降低白茶苦涩味、提高鲜爽度。标准化萎凋参数得到优化，明确温度25~30℃、相对湿度65%~75%条件下萎凋35~40 h，鲜叶失水速度和失水程度适宜，有利于获得品质优异的白茶。

（6）黄茶加工技术研究

闷黄是黄茶加工技术研究的重点。开发出新型通氧闷黄技术，不仅可缩短闷黄时间，提高生产效率，而且有助于可溶性糖的积累，形成黄茶甜醇口感；明确了湿叶闷黄技术的适宜参数：在制品含水率（37±3)%，环境相对湿度（80±5)%，叶温（45±2)℃，每10 min通气1次，时间4~5 h，所制黄茶滋味甘润醇厚，汤色杏黄明亮，香气甜爽持久。

3. 茶叶加工机械装备性能不断提升

“十三五”期间，随着制造业的持续发展，传统茶叶加工机械性能取得了较大发展，单台套制茶机械参数调控更简便，更准确，新型节能技术在茶机上的应用更加多元，连续化、标准化、数字化水平大幅度提高，配套生产线陆续在各茶类生产中出现，有效解决了劳动力紧缺、标准化程度低等问题。

（1）加工新装备不断涌现，参数调控更为精准

加工装备是保障茶叶生产质量的关键，性能优异的装备可以提升生产效率，优化产品品质，实现加工作业高效、省力、标准。“十三五”期间，由安徽农业大学主持的“茶叶数字化品控关键技术研究与装备创制”课题，开发出茶鲜叶原料质量分析仪、近红外光谱无损检测装备等，可进行鲜叶质量等级、茶叶色香味形品质的综合评判，推动了茶叶数字化品控和装备的提升，于2018年获得安徽省科技进步奖一等奖。

此外，国内外科研人员借助仿真模拟技术、多元技术融合等手段，创制出系列新设备，尤其提升了设备参数精准度。例如在萎凋（摊青）设备方面，通过流体力学进行环境温湿度场模拟分析，探明设备结构参数对作业性能的影响规律，研制出可实现温湿度空间均匀分布的新型萎凋（摊青）机；在发酵装备方面，利用仿真模拟探明环境流场分布，开发出隧道式增温加湿系统，研制的发酵机环境温度偏差≤1.5℃，湿度偏差≤5%；在揉捻装备方面，采用现代传感技术结合气动设施实现揉捻参数的数字化表征和设备的自动化运行，成条率稳定在83%以上，破碎率小于2%；在乌龙茶杀青装备方面，利用电磁与微波复合技术研制出组合式杀青新设备，实现效率和品质的双提升；在黑茶干燥方面，利用热泵干燥技术研制出发花干燥设备，发花干燥时间从传统25 d缩短至19 d，提升加工效率20%以上。系列设备已在湖南、湖北、江苏、浙江、四川、云南等产茶省广泛应用，获得了显著的经济效益和社会效益。

（2）新型节能技术应用于加工设备，促进绿色、低碳发展

新技术、新能源不断应用于茶叶加工装备上，促使茶叶加工向绿色、节能、安全、清洁方向发展，风味品质和卫生品质均得到提升。例如，研制出新一代的鲜叶清洗机，为保证茶叶品质安全提供了新的可能途径；高温汽热、电磁加热等技术更广泛地应用于杀青、干燥工序，研制出超高温气热杀青机、电磁滚筒-热风耦合杀青机、电磁内热烘干机等新设备，显著提高了热效率；相比较传统电热管式设备，电磁内热烘干机的平均能耗可减少 30%以上，且温度波动≤3℃。

（3）连续化、标准化加工生产线得到广泛应用，正向初步数字化作业迈进

随着新设备的研制成功，以及单机和模块化设施性能的不断提升，多个茶类的标准化加工生产线得到广泛应用。绿茶品类中，扁形、条形、针芽形、曲毫形绿茶均已不同程度地实现了连续化加工，部分工序可全自动控制，少量实现初步数字化；新型连续萎凋机、连续发酵机等一批可控化程度高的新设备被用来组建工夫红茶标准化生产线，通过不同规模设备模块和控制系统的融合，构建出多套不同规模生产线装配体系，所制红茶品质优异、稳定性佳，系列生产线已在浙江、云南、海南、贵州等省进行推广；乌龙茶加工方面，采用冷热风吹干、红外晒青，以及热风微波杀青机、自动称重装置、自动成型机及自动烘干机的结合使用，实现了乌龙茶全程连续化、自动化生产；白茶加工方面，温湿度可控白茶萎凋室，变频连续化萎凋机等新设备的问世，为白茶连续化自动化生产提供了技术支撑；在黑茶加工方面，研发出集摊青、杀青、揉捻、渥堆、烘干等为一体的黑毛茶自动化生产线，提升了黑毛茶的生产效率和品质稳定性。中国农业科学院茶叶研究所主持的国家重点研发计划项目“茶叶初制精制智能生产线研制与示范”课题将水分、压力智能感知和信息控制等新技术应用于茶叶初制精制成套装备，创建了模块化生产线结构和生产智能管理系统，突破了传统茶叶加工技术智能化瓶颈。

4. 特色新产品层出不穷，满足消费者多元化需求

“十三五”期间，食品、农产品加工新技术与茶叶加工技术进一步融合，开发出多种特色茶产品，不断满足消费者多元化需求。如利用调节作业环境氧气浓度、特定低温等条件，制得含量达 5.98%的高 EGCG 乌龙茶；通过特定原料、工艺技术和加工装备的有机融合，定向开发出风味、品质稳定一致的嫩粟香绿茶、甜醇味红茶，借助特定的栽培和加工技术，创制出糯甜香红茶、海苔香龙井

茶，以及蓝莓香毛峰茶；以厚轴茶、龙芽楤木、木姜叶柯叶等植物嫩芽叶为原料，融合茶叶加工工艺制得具有降血压等特定保健功能的茶产品。

二、“十四五”茶叶加工发展方向

随着全球资源短缺问题的加剧，以及人们对自身健康的日益关注，茶叶加工在产品结构、市场需求、技术发展等方面亦将发生较大转变。茶产品的特色风味和营养健康并重，数字化、智能化等高新技术的需求更为迫切。

1. 茶叶加工趋向定向化和精准化

随着科技的不断进步以及人们消费理念由单纯追求风味向风味与保健兼顾的转变，未来茶叶产品的创制将向着多元化和个性化需求发展。茶叶加工科技将持续以消费需求为导向，逐步实现加工过程技术参数的精准化作业，对产品的风味品质和特定组分将趋向定向化调控。

“十四五”期间，围绕茶叶加工的定向化和精准化，将重点在以下几方面开展深入研究：一是通过分子感官技术、多组学分析、大数据关联等多种技术的融合创新，挖掘出茶叶特色风味品质关键组分，明晰其在加工过程中的动态衍变规律和形成机制；二是通过传统工艺技术创新以及食品加工高新技术的融合，系统研究茶叶感官风味和品质成分的调控技术；三是借助现代传感、CFD 仿真模拟、自动控制等技术的创新应用，开展加工装备和技术参数精准化研究，实现技术标准、工艺流程、质量控制与精准加工的高效协同；四是通过原料、工艺、装备的有机整合，创制特色风味新产品。

2. 茶叶生产由制造向“智造”升级

随着工业 4.0 和 5G 时代的来临，AI 技术将得到快速发展，并推动工业机器人制造技术的显著提升，机器人替代人工成为未来必然趋势；茶叶加工装备的智能化程度亦将不断提高，智慧工厂将逐步取代传统加工工厂。

“十四五”期间将围绕智能化、传承制茶工艺数字化等产业共性关键技术需求，重点开展以下研究：一是通过茶学、食品、机械、自动化和信息科学等多学科交叉集成，创新研究在制品状态数字化表征及智能感知技术、反馈控制技术，实现数据实时检测的远程/终端专家决策；二是通过对加工装备机械材料特性与安全性、数字化设计、仿真优化等新技术、新原理、新材料研究，研发具有自主知识产权的智能化核心装备；三是依托云计算、大数据、物联网等新一代网络技术，将茶叶单机加工装备进行集成，创制出智能化生产线，形成全程自动化作业，实现真正意义上的“机器换人”，促进茶叶生产由制造向“智造”升级。

参考文献

[1] LIANG G Z, DONG C W, HU B, et al. Prediction of moisture content for Congou black tea withering leaves using image features and nonlinear method [J]. Scientific Reports, 2018, 8 (27): 134-142.

[2] DONG C W, LIANG G Z, HU B, et al. Prediction of Congou black tea fermentation quality indices from color features using non-linear regression methods [J]. Scientific Reports, 2018, 8 (1): 3081-3088.

[3] WANG Y J, LIU Y, CUI Q Q, et al. Monitoring the withering condition of leaves during black tea processing via the fusion of electronic eye (E-eye), colorimetric sensing array (CSA), and micro-near-infrared spectroscopy (NIRS) [J/OL]. Journal of Food Engineering, 2021, 300. https://doi.org/10.1016/j.jfoodeng.2021.110534.

[4] 虞文俊．滚筒式茶叶红外杀青机性能模拟及设计研究 [D]. 南昌：江西农业大学，2020.

[5] YE Y L, DONG C W, LUO F, et al. Effects of withering on the main physical properties of withered tea leaves and the sensory quality of Congou black tea [J]. Journal of Texture Studies, 2020, 51 (3): 542-553.

[6] ZHU H K, LIU F, YE Y, et al. Application of machine learning algorithms in quality assurance of fermentation process of black tea—based on electrical properties [J]. Journal of Food Engineering, 2019, 263: 165-172.

[7] DONG C W, LI J, WANG J J, et al. Rapid determination by near infrared spectroscopy of theaflavins-to-thearubigins ratio during Congou black tea fermentation process [J]. Spectrochimica Acta Part A: Molecular and Biomolecular Spectroscopy, 2018, 205: 227-234.

[8] WANG Y J, JIN G, LI L Q, et al. NIR hyperspectral imaging coupled with chemometrics for nondestructive assessment of phosphorus and potassium contents in tea leaves [J/OL]. Infrared Physics & Technology, 2020, 108: 103365. https://doi.org/10.1016/j.infrared.2020.103365.

[9] CHEN S, WANG C Y, TSAI C Y, et al. Fermentation quality evaluation of tea by estimating total catechins and theanine using near-infrared spectroscopy [J/OL]. Vibrational Spectroscopy, 2021, 115: 103278. https://doi.org/10.1016/j.vibspec.2021.103278.

[10] HUANG Y F, DONG W T, SANAEIFAR A. et al. Development of simple identification models for four main catechins and caffeine in fresh green tea leaf based on visible and near-infrared spectroscopy [J/OL]. Computers and Electronics in Agriculture, 2020, 173: 105388. https://doi.org/10.1016/j.compag.2020.105388.

[11] ONG P, CHEN S M, TSAI C Y, et al. Prediction of tea theanine content using near-infrared spectroscopy and flower pollination algorithm [J/OL]. Spectrochimica Acta Part A: Molecular and Biomolecular Spectroscopy, 2021, 255 (5): 119657. https://doi.org/10.1016/j.saa.2021.119657.

[12] FIRMANI P, DE LUCA S, BUCCI R, et al. Near infrared (NIR) spectroscopy-based classification for the authentication of Darjeeling black tea [J]. Food Control, 2019, 100: 292-299.

[13] REN G X, WANG Y J, NING J M, et al. Highly identification of keemun black tea rank based on cognitive spectroscopy: Near infrared spectroscopy combined with feature variable selection [J/OL]. Spectrochimica Acta Part A: Molecular and Biomolecular Spectroscopy, 2020, 230: 118079. https://doi.org/10.1016/j.saa.2020.118079.

[14] FU X S, XU L, YU X P, et al. Robust and automated internal quality grading of a Chinese green tea (Longjing) by near-infrared spectroscopy and chemometrics [J/OL]. Journal of Spectroscopy, 2013: 139347. https://doi.org/10.1155/2013/139347.

[15] LI Y T, SUN J, WU X H, et al. Grade identification of Tieguanyin tea using fluorescence hyperspectra and different statistical algorithms [J]. Journal of Food Science, 2019, 84 (8): 2234-2241.

[16] LI C L, GUO H W, ZONG B Z, et al. Rapid and non-destructive discrimination of special-grade flat green tea using near-infrared spectroscopy [J]. Spectrochimica Acta Part A: Molecular and Biomolecular Spectroscopy, 2019, 206: 254-262.

[17] PENG R, HE Z F, GOU T T, et al. Detection of parameters in solid state fermentation of *Monascus* by near infrared spectroscopy [J]. Infrared Physics & Technology, 2019, 96: 244-250.

[18] WANG Y J, LI L Q, LIU Y, et al. Enhanced quality monitoring during black tea processing

by the fusion of NIRS and computer vision [J/OL]. Journal of Food Engineering, 2021, 304: 110599. https://doi.org/10.1016/j.jfoodeng.2021.110599.

[19] REN G X, LIU Y, NING J M, et al. Assessing black tea quality based on visible - near infrared spectra and kernel-based methods [J/OL]. Journal of Food Composition and Analysis, 2021, 98: 103810. https://doi.org/10.1016/j.jfca.2021.103810.

[20] DONG C W, YE Y, YANG C S, et al. Rapid detection of catechins during black tea fermentation based on electrical properties and chemometrics [J/OL]. Food Bioscience, 2021, 40: 100855. https://doi.org/10.1016/j.fbio.2020.100855.

[21] ZHUANG X G, WANG L L, CHEN Q, et al. Identification of green tea origins by near-infrared (NIR) spectroscopy and different regression tools [J]. Science China Technological Sciences, 2017, 60: 84-90.

[22] MENG W J, XU X N, CHENG K K, et al. Geographical origin discrimination of Oolong tea (TieGuanYin, *Camellia sinensis* (L.) O. Kuntze) using proton nuclear magnetic resonance spectroscopy and near-infrared spectroscopy [J]. Food Analytical Method, 2017, 10 (11): 3508-3522.

[23] ZHANG L, CAO Q Q, GRANATO D, et al. Association between chemistry and taste of tea: A review [J]. Trends in Food Science & Technology, 2020, 101: 139-149.

[24] HAN Z X, RANA M M, LIU G F, et al. Green tea flavour determinants and their changes over manufacturing processes [J]. Food Chemistry, 2016, 212: 739-748.

[25] MAO S H, LU C Q, LI M F, et al. Identification of key aromatic compounds in Congou black tea by partial least-square regression with variable importance of projection scores and gas chromatography - mass spectrometry/gas chromatography - olfactometry [J]. Journal of the Science of Food and Agriculture, 2018, 98 (14): 5278-5286.

[26] GOHAIN B, BORCHETIA S, BHORALI P, et al. Understanding Darjeeling tea flavour on a molecular basis [J]. Plant Molecular Biology, 2012, 78 (6): 577-597.

[27] XU Y Q, WANG C, LI C W, et al. Characterization of aroma-active compounds of Pu-erh tea by headspace solid-phase microextraction (HS-SPME) and simultaneous distillation-extraction (SDE) coupled with GC-olfactometry and GC-MS [J]. Food Analytical Methods, 2016, 9 (5): 1188-1198.

[28] YANG P, SONG H L, LIN Y P, et al. Differences of characteristic aroma compounds in Rougui tea leaves with different roasting temperatures analyzed by switchable GC-O-MS and GC × GC-O-MS and sensory evaluation [J]. Food & Function, 2021, 12 (11): 4797-4807.

[29] 刘飞，叶阳，李春华，等．工夫红茶加工过程中类胡萝卜素成分的动态变化 [J/OL]. 食品科学，2021. https://kns.cnki.net/kcms/detail/11.2206.TS.20210315.1737.040.html.

[30] ZHU H K, ZHANG J Q, LIU F, et al. Using endogenous pigments to recolour roasted green tea [J/OL]. Food Quality and Safety, 2021, 5. https://doi.org/10.1093/fqsafe/fyab006.

[31] LI J, HUA J J, YUAN H B, et al. Investigation on green tea lipids and their metabolic variations during manufacturing by nontargeted lipidomics [J/OL]. Food Chemistry, 2021, 339: 128114. https://doi.org/10.1016/j.foodchem.2020.128114.

[32] KIM Y, GOODNER K L, PARK J D, et al. Changes in antioxidant phytochemicals and volatile composition of *Camellia sinensis* by oxidation during tea fermentation [J]. Food Chemistry, 2011, 129 (4): 1331-1342.

[33] LI J, WANG H T, MA T Z, et al. Nontargeted UHPLC - MS for the study of the diversity of flavonoid glycosides in different fermented teas [J]. Chromatographia, 2021, 84: 571-579.

[34] LEE M K, KIM H W, LEE S H, et al. Characterization of catechins, theaflavins, and flavonols by leaf processing step in green and black teas (*Camellia sinensis*) using UPLC-DAD-QToF/MS [J]. European Food Research and Technology, 2019, 245 (5): 997-1010.

[35] WU H L, HUANG W J, CHEN Z J, et al. GC - MS-based metabolomic study reveals dynamic changes of chemical compositions during black tea processing [J]. Food Research International, 2019, 120: 330-338.

[36] WANG H J, HUA J J, YU Q Y , et al. Widely targeted metabolomic analysis reveals dynamic changes in non-volatile and volatile metabolites during green tea processing [J/OL]. Food Chemistry, 2021, 363: 130131. https://doi.org/10.1016/j.foodchem.2021.130131.

[37] WU L Y, HUANG X J, LIU S R, et al. Understanding the formation mechanism of Oolong tea characteristic non-volatile chemical constitutes during manufacturing processes by using integrated widely-targeted metabolome and DIA proteome analysis [J/OL]. Food Chemistry, 2020, 310: 125941. https://doi.org/10.1016/j.foodchem.2019.125941.

[38] XIE D C, DAI W D, LU M L, et al. Nontargeted metabolomics predicts the storage duration of white teas with 8-C N-ethyl-2-pyrrolidinone-substituted flavan-3-ols as marker compounds [J/OL]. Food Research International, 2019, 125: 108635. https://doi.org/10.1016/j.foodres.2019.108635.

[39] HUANG A, JIANG Z D, TAO M, et al. Targeted and nontargeted metabolomics analysis for determining the effect of storage time on the metabolites and taste quality of Keemun black tea [J/OL]. Food Chemistry, 2021, 359: 129950. https://doi.org/10.1016/J.FOODCHEM.2021.129950.

[40] CHENG L Z, WANG Y F, ZHANG J R, et al. Dynamic changes of metabolic profile

and taste quality during the long-term aging of Qingzhuan tea: The impact of storage age [J/OL]. Food Chemistry, 2021, 359: 129953. https://doi.org/10.1016/J.FOODCHEM.2021.129953.

[41] SAHARAN P, SADH P K, DUHAN S, et al. Bio-enrichment of phenolic, flavonoids content and antioxidant activity of commonly used pulses by solid-state fermentation [J]. Journal of Food Measurement and Characterization, 2020, 14: 1497-1510.

[42] ZHANG P, WANG W, LIU X H, et al. Detection and quantification of flavoalkaloids in different tea cultivars and during tea processing using UPLC-TOF-MS/MS [J/OL]. Food Chemistry, 2021, 339: 127864. https://doi.org/10.1016/j.foodchem.2020.127864.

[43] ZHANG W, ZHANG B B, YE Y, et al. Methylglyoxal-hydroimidazolones (MG-Hs) instead of Nε-(carboxymethyl)-l-lysine (CML) is the major advanced glycation end-product during drying process in black tea [J/OL]. Food Chemistry, 2020, 333: 127499. https://doi.org/10.1016/j.foodchem.2020.127499.

[44] WANG H J, HUA J J, JIANG Y W, et al. Influence of fixation methods on the chestnut-like aroma of green tea and dynamics of key aroma substances [J/OL]. Food Research International, 2020, 136: 109479. https://doi.org/10.1016/j.foodres.2020.109479.

[45] CHEN L, LIU F, YANG Y F, et al. Oxygen-enriched fermentation improves the taste of black tea by reducing the bitter and astringent metabolites [J/OL]. Food Research International, 2021, 148: 110613. https://doi.org/10.1016/j.foodres.2021.110613.

（撰稿：江用文，袁海波，朱宏凯，滑金杰，杨艳芹，沈帅）

茶饮料与茶食品加工研究“十三五”进展及“十四五”发展方向

茶饮料和茶食品是我国深加工产业最重要的领域，已成为解决我国茶业结构性产大于销和中低档茶原料利用率低等难题的重要抓手。茶饮料和茶食品加工学是以茶叶为主要对象，重点开展与液态茶饮料、固态速溶茶和含茶食品等产品加工相关的应用基础、关键技术和产品开发方面的研究。“十三五”以来，我国茶饮料与茶食品加工产业得到了稳步发展，目前年产值接近 1 000 亿元，占深加工产品产出的 80%以上。“十四五”期间，我国经济社会发展进入重要的转型期，重点依靠科技创新，走高质量发展之路，我国茶饮料与茶食品加工产业必将从数量增长转向质量提升发展。因此，系统总结“十三五”我国茶饮料与茶食品加工科技发展取得的重要进展，提出“十四五”重点发展方向，以期为我国茶饮料和茶食品产业的高质量发展提供借鉴。

一、“十三五”主要科技进展

1. 液态茶饮料加工进展

经过 20 多年的快速发展，我国液态茶饮料年产量已达到1 500多万吨，成为国际上第一大茶饮料生产国。“十三五”期间，茶饮料品质调控应用基础研究、原料茶专用化加工和饮料加工新技术等方面的科技创新，促进了我国液态茶饮料产业的进一步发展。

（1）茶饮料滋味品质调控研究取得重要突破

滋味是评价茶饮料品质的关键因子之一。“十三五”期间，聚焦夏秋茶苦涩味重、滋味品质差导致资源利用率低的产业难点问题，相关研究取得突破性进展。通过对苦涩味[1]与回甘滋味[2-3]为核心的绿茶茶汤滋味关键贡献成分的明晰及其呈味规律的深入研究，为改善与调控茶饮料滋味品质以及夏秋茶资源利用途径指明了方向。研究结果表明，绿茶中以苦涩味为主的酯型儿茶素与呈现回甘滋味特征的非酯型儿茶素之间，通过生物酶解进行转化调控[2-3]。因此，生产中利用复合酶水解，并在酯型/非酯型儿茶素比例协同体系 pH 值的在线监测下，可实现茶汁滋味的定向精准调控。另一方面，基于夏秋茶品质组分梯次浸出规律的高质化定向提取工艺得以开发。研究发现，茶叶浸提过程中，茶氨酸、非酯型儿茶素与酯型儿茶素等具有不同滋味特征的绿茶关键滋味化合物的浸出速率呈现显著差异[4]，呈现梯度浸出规律；由此研制出的多变量动态逆流浸提柱[5]可实现高品质茶汁的定向提取，以较低成本实现了夏秋茶及其他中低档茶叶原料的高值化利用。

（2）完善了茶饮料沉淀形成机理及控制技术

茶饮料加工及贮藏过程中形成的沉淀不仅影响产品的外观品质，同时也造成产品风味品质的下降。“十三五”以来，基于络合作用的茶饮料沉淀物形成机理取得了重要进展。研究发现，绿茶乳酪生成量与茶多酚和碳水化合物的原始浓度高度相关，而红茶乳酪生成量由茶汤中的蛋白质、甲基黄嘌呤和茶红素（Thearubigins，TRs）浓度决定[6]。由于儿茶素（占 TPs 的 70%~80%）与蛋白质、咖啡碱和金属离子等分子相互作用，在茶乳酪的形成中起着关键作用[7]。其中儿茶素和蛋白质之间具有强乳化亲和力，这使得 TPs 和蛋白质之间的相互作用增加，茶乳酪增多[8-9]。以牛血清白蛋白（Bovine serum albumin，BSA）为研究对象，酯型儿茶素与其相互作用能力更强[10-11]；由于氢键是 TPs-BSA 的驱动力，因此打破氢键可有效减少茶乳酪的形成[11]。

在完善茶饮料沉淀机理的基础上，茶饮料沉淀生物控制技术取得了新进展。以往的膜过滤法、吸附法、包埋法和转溶法等沉淀控制方法对茶饮料的风味品质均有较大影响，为保证茶饮料品质，逐渐形成了基于生物酶解的茶饮料沉淀控制技术。单宁酶被广泛用于控制茶乳酪形成和沉淀[12]，经单宁酶处理的茶叶提取物与蛋白结合的能力降低，使得茶乳酪的形成受到抑制。单宁酶结合纤维素酶、蛋白酶及脯氨酸核酸内切酶等可协同分解茶乳酪或水解与其形成有关的物质，如茶多酚、蛋白质等，茶汤澄清效果增强[13-15]。一些微生物的代谢也被用于茶饮料的澄清，如黑曲霉菌株在茶浸液中培养 16～48 h，绿茶液可以保持高度清澈[16]。

(3) 饮料工业用原料茶实现大规模专用化

以往茶饮料用的茶叶大都是传统工艺加工的原料茶，品质不能完全满足饮料加工的需求。借鉴日本茶饮料的经验，我国在 2000 年后开始饮料专用茶加工技术研究。“十三五”期间，饮料专用茶加工技术研究与应用取得了新的进展，并通过系统研究，集成了饮料专用茶叶成套加工技术，开发出了一批高质化、特色化饮料专用茶叶，饮料用原料茶开始走向专用化。研究发现，烘干处理的传统绿茶贮藏稳定性高[17]，结合烘焙处理可增加蒸青绿茶饮料风味稳定性，热处理对焙茶所制茶饮料的滋味几乎没有影响[18]；面对茶饮料专用原料茶的复杂筛选过程，利用汤色色度指标快速初筛方法，可提升茶饮料用原料茶的筛选效率[19]。国内科研院所和相关企业合作，针对饮料原料茶来源广、品质不均匀的问题，集成茶叶热转化提质技术和基于“线性规划模式”的茶叶定量拼配技术，联用分筛、风选、静电、磁选等净选去杂技术和微波杀菌技术，创制出饮料专用茶叶成套加工技术，产品品质、安全性、稳定性显著提高。其中湖北工业大学陈小强团队的夏秋茶原料深加工技术及产业化应用研究成果获得了湖北省科技进步二等奖。

(4) 基于生物酶和微生物发酵的特色茶饮料制备技术取得了较大进展

“十三五”期间，利用生物酶和微生物发酵加工特色茶饮料的制备技术取得较大进展。首先，在鲜叶液态发酵技术生产高茶黄素（Theaflavins，TFs）红茶汁方面，初步明确以适度萎凋的 PPO 活性高的品种鲜叶为酶源，分批添加 EGCG 含量高的儿茶素底物可以促进 TFs 的形成，儿茶素含量、茶树品种或其中多酚氧化酶和过氧化物酶的活性对茶黄素的形成量影响显著[20-21]。其次，在利用现代微生物发酵技术制备特色茶饮方面，已形成了康普茶（红茶菌饮料）、高茶褐素茶饮料、茶酒、曲霉发酵茶基饮料等产品。以红茶和蔗糖为原料，醋酸菌、乳酸菌和酵母或细菌和酵母共生培养物（SCOBY）为发酵剂生产康普茶[22-24]，产生的特定代谢物构成康普茶饮料的生物活性[25-29]和芳香特性[30]。以黑茶中分离出的能够将茶浸提液中的多酚转化为茶褐素的真菌（黑曲霉、塔宾曲霉等）为发酵剂，可制备高茶褐素茶饮料，在最佳发酵条件下，茶褐素生成量大幅增加，可达传统固态发酵的近 4 倍，该产品可用于功能性食品的开发[31-32]，经工艺优化后的饮料口感温和、顺滑、醇厚且饱满[33]。茶酒是以茶为特征原料，以糯米、高粱或水果、蔗糖为碳源，经酿酒酵母发酵、过滤、陈化和勾兑后得到的酒精饮料，既具有酒的风味又含有茶叶中的保健成分[34]。“十三五”期间，红茶酒、绿茶酒、单丛茶酒、葡萄绿茶酒等品类百花齐放。曲霉发酵茶基饮料是另一种新型发酵饮料，尤其是塔宾曲霉和黑曲霉。从黑茶中分离黑曲霉经液态深层发酵可生产一种茶褐色素含量高的黑茶饮料。接种塔宾曲霉后产生的茶褐素（TBs）含量增加显著，口感温和、顺滑、醇厚且饱满。茯砖茶上发现的黄点或“金花”是冠突散囊菌的子实体，当用于发酵绿茶提取物时，香气成分含量增加[35]，冠突散囊菌发酵茶汤呈橙黄色，具有独特而浓郁的细菌花香，口感清凉醇厚，回味略带酸味和甜味。

2. 固态速溶茶加工进展

经过 30 年的快速发展，我国已成为速溶茶第一大生产国，年生产量超过 2 万 t，产值 15 亿元，产品远销日本、美国及欧洲国家和地区。“十三五”期间，以动态逆流提取和冷冻干燥等技术为核心的速溶茶加工技术创新，进一步推动了速溶茶产业的发展。

（1）一批新技术在速溶茶加工上成功应用

“十三五”期间，我国速溶茶产业呈现稳步发展的局面，在产量稳定增长的基础上，技术更新迭代，引发了产品类型的结构性调整，一大批提取、分离、浓缩和干燥等新技术新装备逐渐在速溶茶加工上成功应用，涌现出一批新型的特色、功能性速溶茶产品。

① 新型提取技术。近些年新发展的连续动态逆流提取、低温提取等技术开

始逐渐应用于速溶茶加工[36]，不仅能提高茶叶内含物的浸出率，而且能最大限度地保持香气有效成分的结构，此外高压脉冲电场（PEF）提取技术[37]对速溶茶的香气起到了很好的改善作用，适合与冷冻浓缩、真空冷冻干燥等技术联合使用。

② 新型浓缩技术。在传统的蒸发浓缩、冷冻、薄膜浓缩等技术研究的基础上，新型反渗透浓缩技术[38]可显著提高速溶绿茶的感官品质，且茶多酚、氨基酸等化学成分保留量相对较高，而低温真空浓缩技术[39]对茶汤色泽、滋味、香气和理化性质均有改善，其香气物质含量比真空蒸发浓缩提高1倍[40]。

③ 生物酶技术。蛋白酶[41]、果胶酶、纤维素酶[42]、单宁酶、β-葡萄糖苷酶[43]、茶茎粗酶（ETS）、马铃薯葡萄糖粗酶（EPD）[44]和黑曲霉[45]等可以显著提高速溶茶产品的滋味和香气品质，产品花果香和青草香大幅增加，且速溶茶苦涩感明显降低，鲜醇感提高[46-47]。

④ 微胶囊技术。该技术对速溶茶香气能起到很好的保护作用，保香增香效果较好的主要是β-环糊精（β-CD），且β-CD的安全无毒性已被证实，在茶饮料的增香保香中应用较为成功[48]。

⑤ 香气回填技术。主要有天然香气回收（Spinning cone column，SCC）和香气回填（Aroma-recovery system，ARS）技术，通过冷凝收集茶汤中挥发出来的香气，再将收集的含香冷凝水添加到浓缩之后的茶汤浓缩液中，所制得铁观音速溶茶粉香气清高馥郁，具有铁观音茶叶的“音韵”[49]。

（2）高品质速溶茶工业化制造技术取得重要突破

经过近20年的发展，我国已构建了基于罐提（卧式逆流提取）、高速离心（或循环膜过滤）、真空浓缩（循环膜浓缩）、喷雾干燥等为核心的加工技术体系，但尚存在风味品质不高、产品档次较低的问题，无法实现速溶茶的终端应用。为适应市场对速溶茶高质化、终端化技术的需求，“十三五”期间，中国农业科学院茶叶研究所和湖南农业大学等国内相关单位相继开展了相关研究工作。中国农业科学院茶叶研究所在探明茶叶品质组分梯次浸出规律的基础上，研制出多变量动态逆流浸提柱[5]，发明了可实现“保好去差”的茶汁定向提取技术，构建了基于柱式动态逆流提取、膜过滤、多级膜浓缩、冷冻干燥等新技术的高品质速溶茶加工技术体系，产品品质接近于原茶风味，并以该技术为主要内容获得了浙江省科技进步一等奖 1 项、神农中华农业科技奖科学研究类成果二等奖 1 项；湖南农业大学刘仲华院士团队研发出大颗粒速溶茶加工技术，产品的流动性、防潮性显著提高，极大地促进了速溶茶的终端化应用。

(3) 开发出一批专用化速溶茶新产品

传统速溶茶产品主要有速溶红茶、绿茶、乌龙茶、茉莉花茶等[50]。“十三五”期间，通过各种新技术的应用，开发出奶茶专用的高香热溶速溶茶、纯茶用的冷溶原味速溶茶、水果茶用的高香冷溶速溶茶等一批高品质专用化速溶茶产品，较好地适应了市场高端化、个性化的需求。通过微生物发酵技术、鲜叶液态发酵技术等新技术的应用，集成传统工艺，研发出粽叶风味、话梅风味、红枣风味、桂圆风味等特色速溶茶产品，开发了降压抗衰老速溶茶、安眠益生速溶茶、低氟速溶茶、低咖啡碱速溶茶、高 γ-氨基丁酸速溶茶以及解酒速溶茶等功能性速溶茶产品。

3. 茶食品加工研究进展

茶食品是一类利用超微茶粉（或抹茶）、茶汁或茶叶提取物等原料，配以其他可食材料加工而成的食品。2000 年后，随着经济社会发展，具有健康、天然、绿色概念的现代茶食品在我国得到快速发展，成为茶叶深加工利用的一个重要发展方向。“十三五”期间，超微茶粉（抹茶）在食品上应用的技术突破以及各类新产品的开发，推动了茶食品行业的持续发展。

(1) 超微茶粉（抹茶）在食品加工中应用的物化特性研究取得新进展

超微茶粉（抹茶）外形细腻、粒径较小且分布均匀、色泽翠绿，作为配料已逐渐代替速溶茶粉或茶水提物，广泛应用于食品、化妆和医疗行业。超微茶粉（抹茶）的分散性、流动性和稳定性差是影响其在食品中广泛应用的主要难题。“十三五”期间，我国超微茶粉（抹茶）在食品上的应用研究从终端产品工艺优化向中端应用技术方向发展，粉体的分散性、流动性和稳定性等应用技术研究取得一定进展[51]。针对抹茶等超微茶粉在应用时易发生黏附及团聚现象，通过喷雾流化床造粒机在茶粉表面喷涂亲水性聚合物，对茶粉表面进行改性，可提高抹茶粉的流动性和水分散性[52]。采用羧甲基纤维素钠、海藻酸钠、黄原胶等食品添加剂复合超微茶粉，可降低茶粉的沉降比，实现超微茶粉分散稳定性[53]。抹茶粒径小，易促进内含物质的溶出速度，降低了儿茶素、叶绿素等活性成分的稳定性和生物利用有效性。为此，利用蛋白、多糖、低聚糖等大分子物质结构修饰的茶粉稳态化技术以及增效应用研究日渐增多，如采用β-环糊精包埋超微绿茶粉，能够提高茶粉有效成分的溶解度、溶出率、稳定性和生物利用率[54]。烘焙茶食品中抹茶粉的绿色、安全稳定化技术已成为近几年研究的新方向，目前已取得初步进展。利用含锌或含铜化合物置换叶绿素中镁离子，结合烫漂技术，添加酵母微量元素，获得了色泽热稳定性高的抹茶粉，为抹茶烘焙食品开发提供技术支持[55-56]。

（2）开发出一大批特色茶食品

我国食品种类众多，不同种类食品中的糖、乳制品、油和面粉等原料比例差异大，工艺制作显著不同，导致风味呈现差异悬殊。茶食品研发需要对产品配方和制作工艺进行筛选与优化，使茶叶原料与其他材料协调融合，进一步提高产品的感官风味品质。其中茶的添加形式、添加量以及茶叶种类是影响茶食品最终品质的重要因素。“十三五”期间，茶食品开发从面包、蛋糕、饼干等国外主流食品向传统食品转变，茶绿豆酥、茶月饼、茶面条、茶豆腐等我国特色食品开始进入人们的视野，丰富和扩充着我国的食品市场。

另外，“十三五”期间茶食品的研究方法不断创新，从主要靠感官主观定性审评逐渐发展为质构分析、图像分析、色彩分析等仪器客观分析，进一步强化与完善了定性与定量评价相结合的评价方法，建立了更系统客观的评价体系，有力支撑茶食品产业转型升级，促进茶食品的可持续健康发展。

二、“十四五”发展方向

“十三五”期间，我国茶饮料和茶食品加工技术取得较大的进展，但对茶饮料、茶食品品质稳定性研究相对缺乏，关键控制技术突破少，可适应新时代更高、更健康需求的重大产品不多。“十四五”将是我国经济社会发展的重要转型期，人们对茶饮料、茶食品消费将从数量需求向质量需求、从基本生活需求向品质生活需求转变，必将对相关技术研究提出更高和更广的要求。“十四五”应把握以下几个重点研究方向。

1. 利用现代新技术分析手段，强化茶饮料和茶食品风味调控相关应用基础研究

（1）解析茶饮料和茶食品风味品质稳定机理

在茶饮料及茶食品加工与贮藏过程中，酚类化合物及香气物质等品质成分容易发生氧化、聚合反应，导致风味品质发生劣变。采用代谢组学等现代分析方法，开展茶饮料、茶食品加工与贮藏中风味成分动态变化及降解机制研究，揭示品质稳定性变化机理，为有效保持和延长产品货架期奠定理论基础。

（2）探明茶饮料和茶食品风味物质互作效应

茶饮料和茶食品中不仅有茶多酚、氨基酸、咖啡碱等茶叶风味物质，还可能有蛋白、淀粉、奶、水果等各种营养物质，因此茶饮料和茶食品中的风味物质间存在明显的相互作用。综合运用代谢组学、感官组学等多组学联用方法，探明茶饮料和茶食品不同风味成分间互作效应，有助于明晰茶饮料和茶食品呈味、呈香特性，可为茶饮料和茶食品风味品质调控提供理论支撑。

2. 应用现代食品加工新技术，进一步加强茶饮料和茶食品加工关键技术创新

（1）高质化提制技术创新

随着经济发展和社会进步，人们对茶饮料和茶食品产品的需求逐渐趋于高质化、天然化，方便、时尚、高品质的茶饮料和茶食品势必是技术研发的关键所在。通过新型动态提取、香气缓释和包埋、非热灭菌加工等技术创新，形成一批高质化、高保真的茶饮料和茶食品制备新技术，进而构建现代茶饮料和茶食品高质化加工技术体系，推动我国茶饮料和茶食品产业的可持续健康发展。

（2）功能化加工技术创新

通过茶叶新功能挖掘，基于功能强化与利用新技术，进一步提升、转化和

改造茶叶风味化学成分，创制出既具有较好风味品质特点，又具有不同健康功效的功能型茶饮料和茶食品，以满足特殊人群的健康需求。如应用酶膜联用技术，研发风味特性良好的高茶黄素、高茶氨酸、高茶多酚、高儿茶素等功能型茶饮料和茶食品，微生物定向发酵技术开发具有特殊功能的发酵型茶饮料和茶食品等。

（3）特色化加工技术创新

不同人群、不同应用场景、不同食品（饮料）定位等对茶饮料和茶食品的需求不同。因此这些个性化的产品需求必须采用专用化、特色化加工技术。如采用茶叶、天然饮料植物、天然水果、微生物源等基材，将茶深加工行业与发酵行业、冷冻喷雾行业、电子喷雾行业等有机融合，开展天然化、特色化的茶饮料和茶食品风味品质调控和修饰新技术研究，拓宽应用领域，提高茶饮料和茶食品特色化、多元化利用技术水平。

（4）智能化制造技术创新

针对传统茶饮料和茶食品加工智能化程度不高、加工效率低、配伍技术落后等问题，运用机器视觉、数字化配伍技术、智能控制等新型跨界技术改造传统工艺，以精准化、数字化方式介入茶饮料和茶食品加工生产，实现固态速溶茶、液体茶饮料、茶食品等茶制品的提质升级和智能制造，显著提高我国茶饮料和茶食品的精深加工技术水平，进一步提高我国夏秋茶资源利用率和附加值。

3. 瞄准新时代美好生活新需求，推动多元化重大产品创制

我国经济社会已经进入新时代，人们的消费需求已从吃饱穿暖转向更美好、健康的品质生活追求，各种新技术手段的出现正在深刻地改变各种产业的业态和人们的生活习惯。因此，“十四五”期间我国茶饮料和茶食品产品必须适应这种转变，走高质化、个性化、时尚化和功能化产品开发之路，重点可从以下几方面着力。

（1）高质化、引领型产品创制

开发高品质、功能性的新一代茶饮料、茶食品产品，重点集成打造具有产业引领作用的茶饮料、茶食品精品。

（2）新销售模式产品开发

为适应大数据、区块链、智慧体系等创新流动手段对产品消费形式的影响，积极开发出相应的重大产品及其加工技术。

（3）方便时尚化产品的创新

如何争取年轻人的消费是茶业未来发展的关键。需要突破外观设计，制造出方便、时尚化的茶饮料、茶食品产品，满足年轻消费者求新求异的需求，突破茶业消费边界。

参考文献

[1] XU Y Q，ZHANG Y N，CHEN J X，et al. Quantitative analyses of the bitterness and astringency of catechins from green tea [J]. Food Chemistry，2018，258：16-24.

[2] ZHANG Y N，YIN J F，CHEN J X，et al. Improving the sweet aftertaste of green tea infusion with tannase [J]. Food Chemistry，2016，192：470-476.

[3] CAO Q Q，ZOU C，ZHANG Y H，et al. Improving the taste of autumn green tea with tannase [J]. Food Chemistry，2019，277：432-437.

[4] XU Y Q，JI W B，YU P G，et al. Effect of extraction methods on the chemical components and taste quality of green tea extract [J]. Food Chemistry，2018，248：146-154.

[5] 中国农业科学院茶叶研究所．一种茶汁的制备方法：CN107242330A [P]. 2017-10-13.

[6] LIN X R，CHEN Z Z，ZHANG Y Y，et al. Comparative characterisation of green tea and black tea cream：Physicochemical and phytochemical nature [J]. Food Chemistry，2015，173：432-440.

[7] XU Y Q，HU X F，ZOU C，et al. Effect of saccharides on sediment formation in green tea concentrate [J]. LWT - Food Science and Technology，2017，78：352-360.

[8] IKEDA M，UEDA-WAKAGI M，HAYASHIBARA K，et al. Substitution at the C-3 position of catechins has an influence on the binding affinities against serum albumin [J/OL]. Molecules，2017，22（2）：314. https：//doi. org/10. 3390/molecules22020314.

[9] WU Y，CHENG H，CHEN Y T，et al. Formation of a multiligand complex of bovine serum albumin with retinol，resveratrol，and（-）-epigallocatechin-3-gallate for the protection of bioactive components [J]. Journal of Agricultural and Food Chemistry，2017，65（14）：3019-3030.

[10] YUAN L X, LIU M, SHI Y, et al. Effect of (-) -epicatechin-3-gallate and (-) -epigallocatechin-3-gallate on the binding of tegafur to human serum albumin as determined by spectroscopy, isothermal titration calorimetry, and molecular docking [J]. Journal of Biomolecular Structure & Dynamics, 2019, 37 (11): 2776-2788.

[11] YU X, CAI X H, LUO L Y, et al. Influence of tea polyphenol and bovine serum albumin on tea cream formation by multiple spectroscopy methods and molecular docking [J/OL]. Food Chemistry, 2020, 333: 127432. https://doi.org/10.1016/j.foodchem.2020.127432.

[12] LI J J, XIAO Q, HUANG Y F, et al. Tannase application in secondary enzymatic processing of inferior Tieguanyin Oolong tea [J]. Electronic Journal of Biotechnology, 2017, 28: 87-94.

[13] XIA G B, LIN C F, LIU S B. Tannase-mediated biotransformation assisted separation and purification of theaflavin and epigallocatechin by high speed counter current chromatography and preparative high performance liquid chromatography: A comparative study [J]. Microscopy Research and Technique, 2016, 79 (9): 880-889.

[14] 福建省农业科学院茶叶研究所. 一种澄清型茶浓缩液的制备方法: CN109984234A [P]. 2019-07-09.

[15] 宁波希诺亚海洋生物科技有限公司. 一种茶汤的澄清方法: CN106333017B [P]. 2019-11-19.

[16] 安徽农业大学. 一种绿茶茶汤的澄清方法: CN106135542B [P]. 2020-06-16.

[17] 袁海波, 滑金杰, 邓余良, 等. 原料茶干燥工艺对绿茶饮料品质的影响 [J]. 茶叶科学, 2017, 37 (6): 631-637.

[18] FU Y Q, WANG J Q, CHEN J X, et al. Effect of baking on the flavor stability of green tea beverages [J/OL]. Food Chemistry, 2020, 331: 127258. https://doi.org/10.1016/j.foodchem.2020.127258.

[19] 袁海波, 邓余良, 滑金杰, 等. 基于 C&R 决策树的茶饮料用原料茶初筛方法 [J]. 食品科学, 2018, 39 (17): 67-72.

[20] 江用文, 滑金杰, 袁海波, 等. 不同茶树品种悬浮发酵对茶黄素形成的影响 [J]. 食品科学, 2018, 39 (20): 71-77.

[21] HUA J J, WAND H J, JIANG Y W, et al. Influence of enzyme source and catechins on theaflavins formation during *in vitro* liquid-state fermentation [J/OL]. LWT-Food Science and Technology, 2021, 139: 110291. https://doi.org/10.1016/j.lwt.2020.110291.

[22] TU C H, HU W X, TAND S J, et al. Isolation and identification of *Starmerella davenportii* strain Do18 and its application in black tea beverage fermentation [J]. Food Science and Human Wellness, 2020, 4: 355-362.

[23] 夏霄璇, 王博, 方芳. 乳酸菌强化红茶菌发酵的工艺优化 [J]. 食品与发酵工业,

2018，44（11）：185-192.

[24] 袁磊，张国华，FAIZAN A S，等．发酵条件对红茶菌发酵品质及风味的影响 [J]．食品科学，2017，38（2）：92-97.

[25] 吴雅茗，唐灵芝，翁乐斌，等．红茶菌对四氯化碳致急性肝损伤小鼠的保护作用 [J]．西北药学杂志，2017，32（2）：175-180.

[26] XIA X D，DAI Y Q，WU H，et al. Kombucha fermentation enhances the health-promoting properties of soymilk beverage [J/OL]. Journal of Functional Foods，2019，62：103549. https：//doi. org/10. 1016/j. jff. 2019. 103549.

[27] TU C H，TANG S J，AZI F，et al. Use of Kombucha consortium to transform soy whey into a novel functional beverage [J]. Journal of Functional Foods，2019，52：81-89.

[28] CAO Z H，PAN H B，LI S J，et al. In vitro evaluation of probiotic potential of lactic acid bacteria isolated from Yunnan De'ang pickled tea [J]. Probiotics and Antimicrobial Proteins，2018，11（1）：103-112.

[29] ZHAO D Y，SHAH N P. Synergistic application of black tea extracts and lactic acid bacteria in protecting human colonocytes against oxidative damage [J]. Journal of Agricultural and Food Chemistry，2016，64（11）：2238-2246.

[30] 刘佳奇，熊涛，李军波，等．乳酸菌发酵茶饮料的工艺优化及其发酵前后香气成分分析 [J]．食品与发酵工业，2016，42（8）：109-114.

[31] WANG Y W，ZHANG M Y，ZHANG Z Z，et al. High-theabrownins instant dark tea product by *A. niger* via submerged fermentation：α-glucosidase and pancreatic lipase inhibition and antioxidant activity [J]. Journal of the Science of Food and Agriculture，2017，97（15）：5100-5106.

[32] WANG Q，BELSCAK-CVITANOVIC A，DURGO K，et al. Physicochemical properties and biological activities of a high-theabrownins instant Pu-erh tea produced using *Aspergillus tubingensis* [J]. LWT-Food Science and Technology，2018，90：598-605.

[33] WANG Q，SARKANJ B，JURASOVIC J，et al. Evaluation of microbial toxins，trace elements andsensory properties of a high-theabrownins instant Pu-erh tea produced using *Aspergillus tubingensis* via submerged fermentation [J]. International Journal of Food Science & Technology，2019，54（5）：1541-1549.

[34] 徐雅琪，何荟如，潘欣，等．茶酒中茶特征成分含量测定和挥发物组分分析 [J]．茶叶，2020，46（2）：102-106.

[35] 郑梦霞，李会娟，陈淑娜，等．冠突散囊菌发酵对茶汤香气成分的影响 [J]．食品科学，2019，40（18）：223-228.

[36] 王秀萍，朱海燕，刘恋．古丈毛尖绿茶冷泡饮用方法初探 [J]．茶叶学报，2015，56（3）：170-178.

[37] POLIKOVSKY M, FERNAND F, SACK M, et al. In silico food allergenic risk evaluation of proteins extracted from macroalgae Ulva sp. with pulsed electric fields [J]. Food Chemistry, 2018, 276: 735-744.
[38] 周天山，方世辉，刁丽丽．浓缩工艺对速溶绿茶品质的影响 [J]. 中国茶叶加工，2006 (2): 21-22.
[39] 岳鹏翔，翁淑燚，欧阳晓江．用低温真空浓缩技术生产速溶茶粉的研究 [C] //中国茶叶学会．2008 茶学青年科学家论坛论文集，2008: 86-92.
[40] 陈锦权，李彦杰，孙沈鲁，等．高压脉冲电场结合冷冻浓缩生产浓缩绿茶汤工艺优化 [J]. 农业工程学报，2014, 30 (2): 260-268.
[41] 赵文净，刘祖锋．木瓜蛋白酶对白茶浸提液中茶多酚含量的影响 [J]. 食品研究与开发，2015, 36 (21): 60-62.
[42] 龚玉雷．纤维素酶和果胶酶复合体系在茶叶提取加工中的应用研究 [D]. 杭州：浙江工业大学，2013.
[43] 饶建平．固定化单宁酶澄清茶汤工艺条件的研究 [J]. 茶叶学报，2018, 59 (1): 53-56.
[44] ZHU Y B, ZHANG Z Z, YANG Y F, et al. Analysis of the aroma change of instant green tea induced by the treatment with enzymes from *Aspergillus niger*, prepared by using tea stalk and potato dextrose medium [J]. Flavour and Fragrance Journal, 2017, 32 (6): 451-460.
[45] ZHANG L Z, NI H, ZHU Y F, et al. Characterization of aromas of instant Oolong tea and its counterparts treated with two crude enzymes from *Aspergillus niger* [J/OL]. Journal of Food Processing and Preservation, 2017, 42 (2): e13500. https://doi. org/10. 1111/jfpp. 13500.
[46] 何晓梅，乔德亮，黄仁术，等．纯天然速溶绿茶的制备研究 [J]. 皖西学院学报，2016, 32 (2): 8-11.
[47] 杨军国，欧鸥，陈泉宾，等．单宁酶降低速溶绿茶中酯型儿茶素含量的研究 [J]. 福建农业学报，2015, 30 (1): 80-84.
[48] LECLERCQ S, MILO C, REINECCIUS G A. Effects of crosslinking, capsule wall thickness, and compound hydrophobicity on aroma release from complex coacervate microcapsules [J]. Journal of Agricultural and Food Chemistry, 2009, 57 (4): 1426-1432.
[49] 蒋艾青，欧阳晓江．一种铁观音速溶茶粉的加工方法：CN201010578004X [P]. 2011-06-15.
[50] 罗龙新．全球速溶茶和茶浓缩汁的生产和应用及发展趋势 [J]. 中国茶叶加工，2019 (4): 5-9, 20.
[51] 张惠，王会芳，刘艳艳，等．不同粒径抹茶粉体物化特性研究 [J]. 茶叶科学，

2019, 39 (4): 464-473.
[52] YUKIKO S, RYOHEI M, SHIN-ICHIRO K, et al. Novel method for improving the water dispersibility and flowability of fine green tea powder using a fluidized bed granulator [J]. Journal of Food Engineering, 2017, 206: 118-124.
[53] LI Y, XIAO J H, Tu J, et al. Matcha-fortified rice noodles: Characteristics of *in vitro* starch digestibility, antioxidant and eating quality [J/OL]. LWT-Food Science and Technology, 2021, 149: 111852. https://doi.org/10.1016/J.LWT.2021.111852.
[54] 蔡浩锋. 绿茶微粉及有效成分环糊精超分子研究 [D]. 南京: 南京师范大学, 2017.
[55] 安琪酵母股份有限公司. 一种色泽热稳定的抹茶的制备方法和应用: CN112515012A [P]. 2021-03-19.
[56] 浙江顶亨生物科技有限公司. 一种色泽稳定的抹茶的制备工艺: CN109380544A [P]. 2019-02-26.

(撰稿: 尹军峰, 许勇泉, 张建勇, 陈根生, 王玉婉,
冯智慧, 傅燕青, 邹纯, 朱艳, 黄飞)

茶叶功能成分利用“十三五”进展及“十四五”发展方向

“十三五”期间，我国茶叶功能成分利用技术水平与产业规模均实现了质的飞跃。儿茶素、茶氨酸、茶黄素等生物活性物质在延缓衰老、调节代谢和提高免疫重点功效领域的创新发现与成果应用，使得以茶叶功能成分利用为主体的健康产品开发快速升温。逆流提取技术、膜技术、大孔吸附树脂、吸附色谱法、模拟移动床色谱法等现代提取分离纯化新技术日趋成熟，并和酶工程、发酵工程技术集成创新融入到茶叶功能成分提制加工产业中。儿茶素开发从普通规格发展到高纯脱咖啡碱儿茶素、特殊比例儿茶素、无酯儿茶素、儿茶素单体（EGCG、ECG、EGC、EC）一系列产品，茶氨酸、茶黄素、茶多糖等成分的富集提制纯化技术也不断完善，形成了技术引领的我国茶叶提取物国际市场绝对主导地位。茶叶功能成分利用深入延伸扩展至茶饮料、食品、天然药物、个人护理品、植物农药、动物保健品等终端产品体系，其应用技术研究突破与新产品开发也成为全球茶叶深加工行业发展的持续关注重点。

一、我国茶叶功能成分利用“十三五”研究进展

1. 茶叶功能成分提制技术进展

（1）浸提技术

超声、微波辅助提取与逆流动态提取技术相结合，仍然是目前最适用于茶叶

提取物规模化工业生产的浸提方式，实现了相对低温条件下高效、快速提取茶叶有效成分，可有效确保提取效率和品质。与此同时，酶解提取、超临界 CO_2 提取等新技术也得到了不断的研究与应用。

（2）过滤与浓缩技术

超滤膜、纳滤膜、无机陶瓷膜等先进膜过滤技术已经全面应用于茶提取液生产过滤中。浓缩技术从常规真空浓缩、冷冻浓缩向膜浓缩发展，膜浓缩（包括反渗透浓缩、超滤浓缩和纳滤浓缩）运行温度低，能有效保护热敏性物质，可提高产品的冷溶性，有效保留茶叶香气物质，降低重金属、农药残留、小分子有机酸、无机盐等富集效应。近年来，低能耗的机械式蒸汽再压缩技术（Mechanical vapor recompression，MVR）与膜浓缩结合是茶叶提取物规模化生产中较理想的浓缩技术组合。

（3）分离纯化技术

茶叶提取物分离纯化技术一直是茶叶深加工的研究重点和热点。大孔吸附树脂柱色谱技术的工业化应用，是茶叶功能成分提制技术的又一次革命，该技术实现了只采用纯水和酒精为提取与分离溶剂，膜分离与大孔树脂分离纯化相结合的茶多酚/儿茶素绿色高效提取分离纯化技术体系，满足了国际市场对茶叶提取物质量安全的日益严苛要求。超临界 CO_2 和亚临界提取技术、反渗透膜浓缩和低负压蒸发技术减少了浓缩过程中茶多酚的氧化与儿茶素的热异构化；木质纤维树脂、壳聚糖树脂、竹叶纤维等新型分离介质成功应用于柱层析分离。吸附树脂分离、膜分离技术与酶工程组合，构建了绿色高效的儿茶素分离纯化技术体系，并研发出脱咖啡碱高纯儿茶素、高酯化儿茶素、低苦涩味儿茶素等新产品。采用凝胶色谱、中低压制备色谱和高速逆流色谱技术分离制备儿茶素单体时分离产能过低，模拟移动床色谱、大容量三柱串联型高速逆流色谱仪（由多根色谱柱或类似色谱柱的固定床层串联）的应用，实现了混合物的连续进样和分离，制备效率显著提高。EGCG、EGC、ECG 和 EC 等儿茶素单体的制备技术由克级向吨级的工业化规模跨越。

（4）干燥技术

茶叶提取物工业化生产中采用的干燥方法主要有喷雾干燥和冷冻干燥两种。

此外，还有真空低温连续干燥技术、微波真空干燥技术、高压电场干燥技术等，但产业化中应用不多。喷雾干燥法具有干燥效率高、生产量大，产品外形美观、颗粒均匀、流动性好的特点，适用于常规茶叶提取物产品的加工；冷冻干燥运行成本相对较高，但产品的含量、色泽和冷溶性等品质较好，适合于EGCG等热敏性高含量单体物质的干燥。

2. 茶叶功能成分提取分离纯化进展

（1）儿茶素类及其单体

“十三五”期间，儿茶素绿色高效提制产业化技术在2个方面实现了重大突破。

①创立了茶多酚、儿茶素的绿色安全高效提取分离纯化技术体系。刘仲华团队率先利用大孔树脂的选择性实现茶叶儿茶素混合物的工业化分离纯化，创建了生产制备高纯儿茶素（儿茶素总量≥90%，咖啡碱≤0.5%）的成熟工艺，只采用水和食用酒精作为溶剂高效分离纯化儿茶素组分并绿色安全脱除咖啡碱，解决了传统工艺中乙酸乙酯、二氯甲烷、三氯甲烷等溶剂残留问题，大大提高儿茶素制品的安全性。该工艺典型代表了全球茶叶功能成分提制技术清洁化生产的主要发展趋势。同时，通过膜技术的应用特别是纳米膜的分子筛效应，有效调控茶叶提取物中各种功能成分的组成比例，研发各种特殊规格的茶叶提取物产品。

②创新了儿茶素单体分离纯化技术。刘仲华团队综合采用酶工程技术与柱色谱在线监测技术，突破了儿茶素单体高效分离制备技术瓶颈，使儿茶素单体（EGCG、ECG、EGC、EC）制备由实验室的克级水平完全实现了当前的工业化和规模化。该技术支撑我国儿茶素单体年生产能力达到100 t以上，催生了国际上以儿茶素单体作为活性药用成分（API）的天然药物、膳食补充剂、保健食品和天然化妆品的不断面世。该成果对促进我国茶叶深加工领域学术应用创新研究，提升茶叶提取物国际商业市场份额，以及增强产业竞争优势均具有明显的战略意义。

“十三五”期间，湖南农业大学茶学研究团队针对红茶、黑茶与乌龙茶等发酵茶类的儿茶素衍生产物也进行了较深入的研究，但由于该系列物质化学结构复杂多样、分离纯化难度大、分析检测体系不稳定，导致相关研究成果的产业化进展相对缓慢。此外，通过筛选富含甲基化 EGCG 的茶树资源，进而提取分离纯化甲基化 EGCG，也即将取得重要突破。

（2）茶氨酸

现阶段天然茶氨酸提取制备技术主要有 2 种，其中生物酶法合成茶氨酸技术研究在近 5 年取得了明显的进展。

①直接提取茶氨酸。通过离子交换树脂法，从茶叶水提液经乙酸乙酯萃取茶多酚后的水层中分离纯化茶氨酸，仍然是最为直接有效的生产途径。但是，底物茶氨酸含量低，存在大量其他难以去除的组分（如咖啡碱、茶多糖等）[1]，导致了该工艺在生产中出现物料上样量低、茶氨酸回收率低、成本高等问题，且难以纯化得到高含量茶氨酸。研究人员正广泛筛选不同的大孔型离子交换树脂类型，通过调节上样的 pH 值，以及改变洗脱浓度等方法来增加茶氨酸的提取效率[2]。另一方面，研究人员也尝试采用超声波振荡或水浴加热直接浸提茶叶中的茶氨酸，然后采用膜分离浓缩技术，即将茶叶滤液通过复合管式超滤膜和反渗透膜获得浓缩液，最后通过大孔吸附树脂进行吸附处理得到茶氨酸提取物[3-6]。

②生物酶法合成茶氨酸。先后利用茶叶、枯草芽孢杆菌与硝基还原假单孢菌等不同微生物或者混合微生物的不同酶类进行茶氨酸生物合成研究，在茶氨酸合成酶、γ-谷氨酰甲胺合成酶、谷氨酰胺酶和 γ-谷氨酰转肽酶等 4 种酶类的生物合成中取得了新进展[7-9]。上述提到的细菌酶都被证实具有较高的催化 L-茶氨酸合成的活性，但是这些酶的微生物来源有限，且利用生物酶合成茶氨酸原料（谷氨酸/谷氨酰胺盐和 ATP）价格昂贵[10]。此外，现阶段能够被表征的用于合成 L-茶氨酸的微生物酶的高分辨三维结构尚未解析，限制了它们作为 L-茶氨酸合成途径中酶的特异性研究[11]。为了解决这一问题，应进一步发展和使用先进的工具，如 *Crispr/Cas9* 基因整合、组学技术以及机器学习来构建新的菌株，从而实现工业级 L-茶氨酸的生物合成。通过 *Crispr/Cas9* 技术在大肠杆菌染色体上双拷贝 Methylovorus mays 的 γ-谷氨酰甲基酰胺合成酶基因 *gmas*，获得了 1 株遗传稳定的用于 L-茶氨酸生产的重组菌株，从而提高 L-茶氨酸的产量[12]。此外，还有研究表明，通过基因工程对 L-茶氨酸生物合成的转录和翻译水平上进行调

控，能够提高 L-茶氨酸的产量[13]。

（3）茶黄素

茶黄素是红茶中的“黄金分子”，具有抗炎、抗氧化、抗肿瘤等优异的生物活性[14-16]，直接从红茶中分离纯化和体外酶促氧化法是制备茶黄素的 2 种主要途径，但由于红茶中茶黄素含量不高（0.5%~2.0%）[17]，采用红茶提制茶黄素的成本高昂，难以实现产业化以满足国际健康产品市场需求。“十三五”期间，通过儿茶素的酶促氧化制备茶黄素的相关技术日益成熟，彻底扭转了以红茶为原料提制茶黄素成本高昂的局面，使得茶黄素成为继茶多酚（儿茶素）、茶氨酸之后最具应用潜力的茶叶功能成分。

现阶段酶法合成茶黄素的研究主要集中在酶源筛选方面的探究。研究表明茶鲜叶、梨等外源植物酶以及微生物酶等作为酶源均能有效催化茶黄素合成[18-20]，蘑菇酪氨酸酶催化 EC 和 EGC 氧化合成茶黄素效果最佳[21]。在含有 4 种儿茶素的体系中，底物消耗顺序为 EC>EGCG>EGC>ECG。因此，分批添加不同的儿茶素能够使儿茶素快速均匀消耗，精准、高效地合成更多的茶黄素[22]。此外，消除反应过程中产生的 H_2O_2 可增强茶黄素合成的效率[23]。与此同时，使用鞣酸酶和果胶酶水解 40%茶黄素并结合柱层析、结晶等技术可得到含量为 96%的茶黄素单体[24]。

大部分天然酶的酶活力不稳定且不可重复利用，使用成本高昂。固定化酶作为一种新型酶源，其酶活力强且稳定，可重复利用，是催化合成茶黄素的理想酶源[25]。Zeng 等[26]从 9 种物种克隆多酚氧化酶（PPO）基因，在大肠杆菌中表达并固定得到固定化 PPO，这些酶均能催化茶多酚合成茶黄素。后续研究中，利用转基因技术将控制多酚氧化酶的基因整合到微生物中，利用微生物生产酶再经固定化处理，此类酶在催化合成茶黄素的研究上将大有可为。

（4）茶多糖

茶多糖最经典和最常用的提取方法是水提醇沉法，该方法目前已被广泛应用于食品和医疗保健品领域中的茶多糖制备[27]。近年来，各种茶多糖辅助提取方法，如微波、超声波、酶辅助浸提、超临界流体萃取等也被应用于茶多糖的提取；常见的纯化技术有先用 Sevag 法等除蛋白、双氧水法和活性炭等脱色、透析法除无机盐和小分子化合物等，然后用柱层析法、金属盐沉淀法、季铵盐沉淀法等提纯[28]。对水提法、超声辅助提取、微波辅助提取和酶解法提取工艺比较发现，4 种工艺所提取粗茶多糖的单糖种类一样，其中酶解法的总糖含量最高，蛋白质含量最低[29]。近年来的纯化水初级浸泡、隔水提取、高能微波预处理和磨球机械辅助提取及多种提取工艺相结合的应用进一步提高了茶叶破壁效率和保护了茶多糖结构，显著提高了茶多糖的提取效率[30-33]。采用茶叶预处理、提取浓缩、醇沉、脱色除杂、柱层析、色谱纯化和浓缩干燥等方法能同时制备出高纯度茶多糖、茶氨酸和咖啡碱，大幅度提高原料利用率和降低生产成本，生产工艺绿色环保[34]。茶多糖的分离纯化与结构一直是研究的难点，近年来采用 DEAE Sepharose Fast Flow 阴离子凝胶柱对含硒多糖进行洗脱分离得到 6 个不同组分，其糖醛酸含量都很高且都为典型的酸性多糖[35]。采用离子 DEAE-Sepharose 快速流动凝胶柱分离纯化出了 Se-TPS1、Se-TPS2 和 Se-TPS3 三种多糖组分，其中 Se-TPS1 和 Se-TPS2 的分子量分别为 1.1×10^5 Da 和 2.4×10^5 Da，Se-TPS3 是具有分子量为 9.2×10^5 Da 和 2.5×10^5 Da 的 2 个峰的多糖聚合物[36]。采用 DEAE-52 纤维素和 Sephadex-100 葡聚糖凝胶对粗茶多糖 2 次分级纯化得到主要多糖组分 TPS-1A 和 TPS-4C，两者纯度较高，分子量分别为 15 792 Da 和 21 722 Da[37]。茶多糖结构复杂，其溶液行为、空间构象、结构特征与生物活性之间的关系需要进一步研究。

（5）咖啡碱

从茶叶中分离是获取咖啡碱的有效来源之一，高纯度天然咖啡碱的开发由于受到法规许可和成本问题的限制，产业化的意义不大。但是，以茶多酚萃取后的水层为原料，采用膜技术分离制备溶解性好、透明度高的富含咖啡碱的茶叶提取物（咖啡碱<20%），具有良好的经济效益和市场需求，是目前功能饮料开发的热门资源。

（6）茶皂素

传统的茶皂素提取方法主要有水提法、醇提法以及辅助提取法等[28]。近年来，重结晶法[38]、萃取法[39]、生物纯化法[40]、沉淀法[41]、吸附分离法[42-44]的应用，有效提高了茶皂素的分离纯度、分离效率和产品安全性。

3. 茶叶功能成分终端产品开发进展

(1) 茶休闲食品与功能食品

为顺应大健康时代人们的需求，各品牌先后研发出茶味零食、茶味糕点、茶味蜜饯等茶休闲食品；茶功能食品领域，以茶多酚为主要成分，添加一定比例的茶叶功效成分或茶提取物开发出的保健食品或膳食补充剂，成为近年来国内茶叶深加工领域终端茶食品发展的热点和重点。

大连民族大学胡文忠等开发出一种添加山茶油、茯茶粉与普洱茶粉，具有减肥降脂功能的全麦黑茶面包[45]，在满足人体健康基本需求的同时具有显著减脂作用，糖尿病患者亦可食用。杭州国茶健康产业有限公司与浙江大学联合研发出一种添加茶叶提取物的木糖醇含茶制品“茶爽”[46]，3 颗即可达到传统冲泡 15~20 g 茶叶、冲泡 3 次对人体的保健效果，改变传统饮茶局限性，利于有效成分吸收，日常食用可提神醒脑，清新口气，同时通过抗氧化等方式达到预防疾病的目的。

近年来，人们饮食结构改变，高尿酸血症发病率逐年升高且有年轻化的趋势，如何防治高尿酸血症已成为全球关注的重要健康课题。湖南农业大学茶学团队通过对黑茶、荷叶、青钱柳等的复配及其降尿酸功能研究，开发了具有降尿酸、清热解毒的功效风味黑茶饮品[47]。该黑茶饮品通过添加花香红茶、柠檬片及昆仑雪菊等增进了风味和香气；通过添加罗汉果提取物、甜菊糖提取物等植物源甜味剂，也满足了大众对低糖、低热量茶饮料产品的追求。

上述方便化、时尚化、功能化且茶特色鲜明的高倍增值终端产品的开发，不仅充分利用了茶叶中的营养成分，同时充分发挥了中低档茶叶所含功能成分的价值，解决中低档茶叶销售问题，有利于茶产业链的循环拓展，为广大公众提供了高品质、多元化的健康产品。

(2) 茶化妆品与个人护理品

茶叶功能成分在化妆品和护肤品中的应用极为广泛。中国农业科学院茶叶研究所[48]采用新型自乳化技术，明确较佳儿茶素自乳化体系溶剂配比，获得儿茶素自乳化关键工艺技术参数，为茶多酚应用于日化用品提供了技术支撑。湘丰茶业集团以湖南农业大学“一种含茶氨酸白茶面膜及其制备方法”[49]和“古树茶黑茶润肤水及其制备方法”[50]专利成果为基础，开发出绿茶、黑茶、高茶氨酸系列保湿增白茶叶面膜，向肌肤紧急输送必要的养分，帮助肌肤进行深透滋养，修复肌肤损伤，还原肌肤健康状态。湖南华莱健生物科技有限公司以选取金花黑茶提取物，搭配积雪草等其他护肤成分，研发推出黑茶精粹修护乳、黑茶植萃莹润精华液等护肤品，打造水润靓丽肌肤。广西中港高科国宝金花茶产业有限公司利用小分子团水高效萃取、膜工程分子截留等现代生物工程技术提取分离金花茶花与叶提取物，制备出富含多酚、黄酮等抗炎抗氧化成分的沐浴露[51]和洗发液[52]。茶护肤品和护理品的研发，大幅提高茶制品附加值，推动茶叶深加工产业的高层次发展。

(3) 茶酒制品

茶与酒作为中国传统饮料，融合二者所长、具有中国特色的茶酒作为创新产品，受到我国酒业各大著名品牌的关注。茗酿茶酒采用泸州老窖独特的固态发酵工艺[53]，以现代高科技生物萃取技术[54]，形成“入口柔、茶味香、咽吞顺”的风味品质以及“易醒不易醉，身上无酒臭”的独特之处。熊猫精酿推出黑茶金色艾尔啤酒，选用安化黑茶与啤酒花结合，创制出完全不同于酒花的特殊花香，带给消费者独特的口感与健康享受。

(4) 茶的动物健康产品

茶叶功能成分应用于饲料添加剂是目前畜禽业的热点问题。安徽农业大学茶学团队等将膨化处理后的绿茶茶渣与均质处理后的乳化脂肪浆混合干燥后得到的茶饲料，富含茶多酚等活性物质，具有提高养殖动物免疫力、促进消化、刺激生长、降低产品胆固醇和改善肉质等优势[55]。南昌师范学院李金等添加茶多酚、茶多糖配比而成的茶多酚鸡饲料绿色添加剂，不但可以提高鸡蛋的抗氧化能力，还能改善鸡肉肉质，极大提高了蛋鸡的经济效益[56]。

(5) 茶的生活用品

茶叶富含的茶多酚、茶氨酸、茶皂素、茶多糖等功能成分，具有较强的抗氧化、抗过敏、抗细菌、增强机体免疫力等效果，可综合利用于各类生活用品开发。湖南华莱生物科技有限公司[57]开发添加茶多酚的黑茶牙膏，在富含茶香、清新口气的同时具有抑制致龋细菌生长和黏附、缓解牙齿过敏的效果；含15%~30%黑茶提取物的黑茶长效保湿润肤水[58]具有保湿、抗氧化、抗炎、抑菌、舒缓敏感肌肤等功效。茶皂素过去常作为表面活性剂[59-60]，但近年来的研究表明茶皂素还可以用于解酒饮料[61-62]、减少土壤重金属污染[63]以及茶园防病虫为害[64-65]等方面。中国科学院青岛生物能源与过程研究所王建勋等开发含8%~10%茶皂素的婴儿用茶皂素洗洁精具有成分天然无刺激，清洁、抑菌效果良好，食品级，绿色环保等优势[66]。广东省农业科学院茶叶研究所孙世利等证实L-茶氨酸通过调控TNF-α/NF-κB信号通路，抑制NF-κB介导的炎症反应，以及iN-OS、IL-6等炎症因子表达，从而缓解由一次大量饮酒所引起的酒精性肝损伤，同时具有来源天然、对人体无副作用等优势，可用于医药、保健品的产品开发[67]。

二、我国茶叶功能成分利用“十四五”发展方向

我国茶叶功能成分提制产业优势明显，由我国茶企生产供应的茶叶提取物占据了全球80%以上供应量。但是与国际同行比较，我国茶叶深加工行业仍然存在科技创新能力不足、产品结构比重分布不合理、高附加值终端产品比例偏低等问题，茶叶资源价值的最大化还有巨大的市场空间。

1. 新技术的集成创新应用是茶叶功能成分提制产业高质量发展的重中之重

“十四五”期间，茶叶功能成分提制产业必须由传统分离纯化技术向绿色节能环保技术集成，绿色提制工艺（绿色提取溶剂、安全分离介质等）、高效节能装备、高效分离技术、多成分综合高效提制技术、茶提取物的农药残留高效去除技术将成为提制技术的研发重点。生物技术等其他高新技术应用到茶叶功能成分提制产业之中也是不可或缺的，将其与传统工艺技术紧密结合起来，充分实现原料的优质化、加工成本的低廉化、产品的多样化发展。在茶资源利用层面，充分利用我国所掌握的各类发酵茶资源，研究确定与特有发酵茶工艺相关的核心功

能酶与微生物，并通过原料筛选拼配及创新制茶发酵工艺技术（外源酶促、菌酶结合、液态发酵等），调控促进目标儿茶素氧化聚合产物的高倍富集，为后续聚酯儿茶素、茶色素、茶原花青素等特色功能成分的分离纯化、生物活性研究及产业化高效制备奠定良好的物质基础。对于推动促进我国特色发酵茶类在全球范围内的功效认知、增强品质核心竞争力，扩大出口份额都具有非常重要的意义。

2. 由茶叶提取物向大健康产业的健康产品开发转移是我国茶叶深加工产业发展的必然趋势

通过茶与健康的最新研究成果进一步明确茶叶功能成分的作用机制，解决茶叶深加工产品的功能精准定位、产品科学组方、剂量与剂型等问题，并经过结构修饰、状态转化、配伍平衡等处理，解决茶叶深加工产品的低水平重复与同质化，开发系列高附加值功能性终端产品。同时，通过跨学科、跨领域的技术协同攻关，进一步引导推动茶及功能成分在畜禽健康制品、纺织印染、空气净化等跨界领域的创新开发利用，扩大相关市场空间，引领国际国内市场茶叶深加工产品的发展趋势。

参考文献

[1] SHARMA E，JOSHI R，GULATI A. L–theanine：An astounding sui generis integrant in tea［J］. Food Chemistry，2018，242：601–610.

[2] 刘晶晶，陈志元，王玉，等．绿茶末中 L–茶氨酸的离子交换树脂纯化研究［J］. 农产品加工，2020（7）：14–16.

[3] 龙成梅，曾承露．超声波提取都匀毛尖茶中茶氨酸的工艺研究［J］. 广州化工，2019，47（16）：102–104.

[4] 唐雪平．一种从茶叶中提取茶氨酸的方法：CN107033020A［P］. 2017–08–11.

[5] 合肥信达膜科技有限公司．一种从茶叶中提取茶氨酸的膜处理方法：CN106518710A［P］. 2017–03–22.

[6] 西华大学．一种竹叶青茶末中提取茶氨酸的方法：CN112250592A［P］. 2021–01–22.

[7] YAMAMOTO S，UCHIMURA K，WAKAYAMA M，et al. Purification and characterization

of glutamine synthetase of *Pseudomonas taetrolens* Y-30: An enzyme usable for production of theanine by coupling with the alcoholic fermentation system of baker's yeast [J]. Bioscience, Biotechnology, and Biochemistry, 2014, 68 (9): 1888-1897.

[8] YAMAMOTO S, MORIHARA Y, WAKAYAMA M, et al. Theanine production by coupled fermentation with energy transfer using γ-glutamylmethylamide synthetase of *Methylovorus* mays No. 9 [J]. Bioscience, Biotechnology, and Biochemistry, 2008, 72 (5): 1206-1211.

[9] 陈林，张正竹，陈键，等．茶氨酸酶促生物合成研究进展 [J]. 茶叶科学，2011, 31 (1): 1-10.

[10] YAMAMOTO S, WAKAYAMA M, TACHIKI T. Theanine production by coupled fermentation with energy transfer employing *Pseudomonas taetrolens* Y-30 glutamine synthetase and baker's yeast cells [J]. Bioscience, Biotechnology, and Biochemistry, 2005, 69 (4): 784-789.

[11] MU W M, ZHANG T, JIANG B. An overview of biological production of L-theanine [J]. Biotechnology Advances, 2015, 33 (3/4): 335-342.

[12] 张通，龙科艺，曹华杰，等．利用重组大肠杆菌发酵生产 L-茶氨酸 [J]. 食品与发酵工业，2019, 45 (22): 6-11.

[13] NABAVI S M, ŠAMEC D, TOMCZYK M, et al. Flavonoid biosynthetic pathways in plants: Versatile targets for metabolic engineering [J/OL]. Biotechnology Advances, 2020, 38: 107316. https://doi. org/10. 1016/j. biotechadv. 2018. 11. 005.

[14] QU Z H, LIU C W, LI P H, et al. Theaflavin promotes myogenic differentiation by regulating the cell cycle and surface mechanical properties of C_2C_{12} cells [J]. Journal of Agricultural and Food Chemistry, 2020, 68 (37): 9978-9992.

[15] XIAO Y Z, YANG M, XIAO Y, et al. Reducing hypothalamic stem cell senescence protects against aging-associated physiological decline [J]. Cell Metabolism, 2020, 31 (3): 534-548.

[16] CAI Q S, JI S M, LI M W, et al. Theaflavin-regulated Imd condensates control *drosophila* intestinal homeostasis and aging [J]. iScience, 2021, 24 (3): 102150.

[17] ZHANG G Y, YANG J H, CUI D D, et al. Genome-wide analysis and metabolic profiling unveil the role of peroxidase CsGPX3 in theaflavin production in black tea processing [J]. Food Research International, 2020, 137: 109677.

[18] TAKEMOTO M, TAKEMOTO H. Synthesis of theaflavins and their functions [J]. Molecules, 2018, 23 (4): 918.

[19] 薛金金，尹鹏，张建勇，等．植物源多酚氧化酶氧化儿茶素形成茶黄素和聚酯型儿茶素的研究 [J]. 食品工业科技，2019, 40 (20): 76-81.

[20] TENG J, GONG Z H, DENG Y L, et al. Purification, characterization and enzymatic synthesis of theaflavins of polyphenol oxidase isozymes from tea leaf (*Camellia sinensis*) [J]. LWT-Food Science and Technology, 2017, 84: 263-270.

[21] NARAI-KANAYAMA A, KAWASHIMA A, UCHIDA Y, et al. Specificity of tyrosinase-catalyzed synthesis of theaflavins [J]. Journal of Molecular Catalysis B Enzymatic, 2016, 133: 452-458.

[22] HUA J J, WANG H J, JIANG Y W, et al. Influence of enzyme source and catechins on theaflavins formation during *in vitro* liquid - state fermentation [J/OL]. Lwt - Food Science and Technology, 2021. https: //doi. org/10. 1016/J. LWT. 2020. 110291.

[23] YABUKI C, YAGI K, NANJO F. Highly efficient synthesis of theaflavins by tyrosinase from mushroom and its application to theaflavin related compounds [J]. Process Biochemistry, 2017, 55: 61-69.

[24] 湖南农业大学. 一种简单茶黄素单体的制备方法: CN104846029A [P]. 2015-04-22.

[25] LEI S E, XIE M H, HU B, et al. Effective synthesis of theaflavin-3, 3′-digallate with epigallocatechin-3-O-gallate and epicatechin gallate as substrates by using immobilized pear polyphenol oxidase [J]. International Journal of Biological Macromolecules, 2017, 94 (Pt A): 709-718.

[26] ZENG J, DU G, SHAO X, et al. Recombinant polyphenol oxidases for production of theaflavins from tea polyphenols [J]. International Journal of Biological Macromolecules, 2019, 134: 139-145.

[27] 马慧敏, 柯钦豪, 曹琴, 等. 茶多糖的提取方法研究进展 [J]. 湖北科技学院学报(医学版), 2019, 33 (6): 550-552.

[28] 刘仲华. 中国茶叶深加工40年 [J]. 中国茶叶, 2019, 41 (11): 1-7, 10.

[29] ZHU J X, CHEN Z Y, ZHOU H, et al. Effects of extraction methods on physicochemical properties and hypoglycemic activities of polysaccharides from coarse green tea [J]. Glycoconjugate Journal, 2020, 37 (1): 241-250.

[30] 成都华高生物制品有限公司. 一种茶多糖的提取方法: CN109320629A [P]. 2019-02-12.

[31] 信阳师范学院. 一种茶多糖的提取方法: CN108250316A [P]. 2018-07-06.

[32] 湘丰茶业集团有限公司, 湖南农业大学. 一种从茶渣中提取茶多糖的方法: CN111440252A [P]. 2020-07-24.

[33] 福建省安职教育服务有限公司. 一种茶多糖的提取方法: CN110862462A [P]. 2020-03-06.

[34] 陕西理工大学, 陕西萃程生物医药科技有限公司. 一种夏秋茶中茶多糖, 茶氨酸

和咖啡碱联产制备方法：CN111393539A ［P］. 2020-07-10.
［35］ 张军耀．富硒黑茶多糖的提取分离纯化及性质研究 ［D］. 上海：上海师范大学，2019.
［36］ WANG Y F，LI Y F，LIU Y Y，et al. Extraction，characterization and antioxidant activities of Se-enriched tea polysaccharides ［J］. Int J Biol Macromol，2015，77：76-84.
［37］ 吴金松，张岩，陈晓培，等．铁观音茶末多糖的分离纯化和抗氧化活性 ［J］. 食品工业科技，2020，41（11）：66-71.
［38］ 张海龙，张维农，蒋继丰，等．茶皂素纯化方法的比较及其组分的鉴定 ［J］. 中国油脂，2015，40（11）：94-98.
［39］ 吕琪．正己烷—水—乙醇双液相体系提取茶叶籽油及茶皂素的工艺研究 ［D］. 赣州：江西理工大学，2017.
［40］ 周红宇，杨德．茶皂素水酶法提取工艺及纯化方法 ［J］. 江苏农业科学，2016，44（5）：362-364.
［41］ 解庆范，李元明，陈仕芳．粗茶皂素的制备、纯化及其表面活性研究 ［J］. 江苏农业科学，2014，42（4）：206-208.
［42］ 游瑞云，黄雅卿，郑珊瑜，等．大孔树脂纯化茶皂素的工艺研究 ［J］. 应用化工，2016，45（1）：64-66，70.
［43］ 顾姣，杨瑞金，谢斌，等．大孔树脂纯化茶皂素及其产品性质研究 ［J］. 食品与机械，2017，33（6）：153-158，200.
［44］ 顾姣，杨瑞金，张文斌，等．超滤膜法提取水相中茶皂素的研究 ［J］. 食品工业科技，2017，38（21）：180-185.
［45］ 大连民族大学．一种具有减肥降脂功能的全麦黑茶面包及其制备方法：CN109430345A ［P］. 2019-03-08.
［46］ 杭州国茶健康产业有限公司．一种木糖醇含茶制品及其制备方法：CN109303134A ［P］. 2019-02-05.
［47］ 湖南农业大学．一种降尿酸风味黑茶饮料：CN108450602A ［P］. 2018-08-28.
［48］ 中国农业科学院茶叶研究所．一种高活性 EGCG 微乳复配方法：CN108434098B ［P］. 2020-05-05.
［49］ 湘丰茶业集团有限公司，湖南农业大学．一种含茶氨酸白茶面膜及其制备方法：CN111759761A ［P］. 2020-10-13.
［50］ 湖南农业大学．古树茶黑茶润肤水及其制备方法：CN106038405B ［P］. 2019-02-05.
［51］ 广西中港高科国宝金花茶产业有限公司．金花茶沐浴露的生产方法：CN106726891A ［P］. 2017-05-31.

[52] 广西中港高科国宝金花茶产业有限公司．金花茶洗发液的生产方法：CN106726890A [P]. 2017-05-31.

[53] 江南大学，泸州老窖股份有限公司．固态发酵装置及固态发酵方法：CN113186056A [P]. 2021-07-30.

[54] 泸州品创科技有限公司．茶叶提取物及其制备方法和应用：CN112753831A [P]. 2021-05-07.

[55] 安徽农业大学．一种茶饲料的制备方法：CN105248860A [P]. 2016-01-20.

[56] 南昌师范学院．一种茶多酚鸡饲料绿色添加剂及包含该添加剂的饲料：CN112262919A [P]. 2021-01-26.

[57] 湖南华莱生物科技有限公司．一种具有抗过敏修复的黑茶牙膏及其制备方法：CN107822984A [P]. 2018-03-23.

[58] 湖南华莱生物科技有限公司．一种黑茶长效保湿润肤水及其制备方法：CN107951776A [P]. 2018-04-24.

[59] BAEK Y M, LEE Y H. Detergency of natural surfactant for the cleaning of excavated cotton fabrics [J]. Journal of Conservation Science, 2017, 33: 97-106.

[60] 王心蕊，韩鑫宇，张康，等．茶皂素的脱色研究及其在洗手液中的应用 [J]. 应用化工，2021，50（5）：1178-1182.

[61] 仇凤梅，周兵焱，水豪杰．茶皂素解酒饮料的研制 [J]. 农产品加工，2016（4）：20-21，4.

[62] 浙江亚林生物科技股份有限公司．一种具有解酒功能的油茶皂素微胶囊制备方法：CN112998263A [P]. 2021-06-22.

[63] LIU X Y, CAO L Y, WANG Q, et al. Effect of tea saponin on phytoremediation of Cd and pyrene in contaminated soils by *lolium multiflorum* [J]. Environmental Science and Pollution Research International, 2017, 24 (23): 18946-18952.

[64] 郭华伟，姚惠明，唐美君，等．2 种植物源杀虫剂对茶小绿叶蝉的防治效果 [J]. 浙江农业科学，2016，57（7）：991-993.

[65] 童军，付义，段巧枝，等．低毒生物农药 30%茶皂素水剂防治茶小绿叶蝉田间试验 [J]. 湖北植保，2017（1）：20-22.

[66] 中国科学院青岛生物能源与过程研究所．一种婴儿用茶皂素洗洁精及其制备方法：CN111690473A [P]. 2020-09-22.

[67] 广东省农业科学院茶叶研究所．茶氨酸在制备缓解酒精性肝损伤产品中的应用：CN111686099A [P]. 2020-09-22.

（撰稿：刘仲华，张盛，刘昌伟，周方，欧阳建，曾鸿哲）

茶叶质量安全研究“十三五”进展及“十四五”发展方向

我国茶叶在世界茶产业中占有重要地位，茶叶产量占世界茶叶产量的比例超过40%。因此中国茶叶的质量安全关系着世界饮茶者的健康。围绕茶叶中可能存在的对饮茶者造成健康风险的物质展开讨论，总结“十三五”期间在茶叶中农药行为特征、农药选用原则、污染物来源解析、检测技术、标准法规等方面取得的进展，有助于了解目前茶叶质量安全方面的关注点及对“十四五”重点发展方向进行展望。

一、“十三五”期间茶叶质量安全研究进展

1. 茶叶中农药行为特征研究

茶叶中农药行为研究主要指的是农药在茶及相关联介质中的残留、消解、转移、代谢、传导、累积等行为。我国茶区主要分布在温带和亚热带地区，且大多为单一种植，这种环境同样适宜病虫草害的发生。化学防治作为茶园有害生物绿色防控技术体系的组成部分，仍发挥重要作用，尤其在害虫暴发期，化学农药的速效性对于保障茶叶产量和质量起着至关重要的作用。由于农药不合理使用引起的茶叶中农药残留问题，是茶叶质量安全的首要问题。探明农药在茶叶中的行为规律，是指导农药使用和提高茶叶质量安全的必要步骤。“十三五”期间，农药在茶叶种植、加工、冲泡过程中的残留、降解和转移规律仍是重要关注点，农药

在茶叶中的代谢、传导和累积行为研究成为新的关注点。

中国农业科学院茶叶研究所研究人员解析了多种农药的残留降解和转移规律，为农药合理使用提供了依据。虫螨腈[1]、茚虫威[2]、乙基多杀菌素[3]和吡丙醚[4]在一芽二三叶采摘标准下的消解速率均较快，半衰期在0.7~3.3 d；在红茶和绿茶加工过程中的消解率为34.9%~68.2%，高于多菌灵[5]（2.8%~26.7%）、吡蚜酮[6]（9.4%~23.7%）在茶叶加工过程中的消解率；在冲泡过程中从干茶转移到茶汤中的浸出率在2.2%~27.7%，显著低于多菌灵[5]、吡蚜酮[6]、氟啶虫酰胺[7]的浸出率（58.7%~100.0%）。基于其快速田间消解、高加工消解率和低茶汤浸出率的特点，虫螨腈、茚虫威等作为高效低风险农药在我国茶园被广泛应用。

农药在茶叶中的代谢、吸收和累积行为研究取得初步进展，为全面评价农药代谢物和环境对茶叶质量安全的影响提供了依据。在喷雾施药条件下，氟啶虫酰胺在茶叶生长加工过程中生成降解产物TFNG、TFNA和TFNA-AM，且生成最多的TFNG的浸出率高于母体[7]；茚虫威[2]、吡丙醚[4]手性对映体之间的转化趋势相异，代谢产物也存在差异。除化学农药外，对植物生长调节剂赤霉酸的代谢行为也进行了研究[8]。Jiao等[9-10]开展了基于茶叶悬浮细胞的农药代谢研究，鉴定出噻虫嗪、吡虫啉、氯噻啉、啶虫脒的多种代谢产物。在水培条件下，草甘膦可被茶树幼苗根系吸收，并代谢生成氨甲基膦酸（AMPA），且草甘膦母体和代谢物均可通过木质部和韧皮部转移至茎和叶片组织，草甘膦在嫩芽中的累积量低于成熟叶片[11]。因此，茶园环境中的残留农药可被茶树吸收、转运并富集于茎和叶，可能增加对饮茶者的健康风险。

2. 茶园农药选用原则研究

为最大程度降低由于化学农药使用造成的茶叶质量安全风险和环境安全问题，首先要解决的是如何选择合适的化学农药品种。根据茶叶的特殊性，其摄入方式不同于其他食品，饮茶者往往用沸水冲泡干茶，饮入茶汤，弃去茶渣。因此只有在冲泡过程中进入茶汤的农药残留量，即“有效风险量”，才能造成健康风险。为了科学评估健康风险和制定农药最大残留限量（Maximum residue limits，MRLs），农药在冲泡过程中的转移规律被广泛研究。Jaggi 等[12]对 13 种农药的浸出率研究发现，浸出率的对数与水溶解度（Ws）的对数呈线性正相关，与正辛醇/水分配系数（Kow）的对数呈线性负相关。Chen 等[13]的研究也得出类似结论，农药的 Ws 的对数越大、Kow 的对数越小，浸出率则越高。Wang 等[14]通过系统研究 42 种农药浸出规律发现，Ws 是茶汤有效风险量的重要决定因素，并建立了基于 Ws 的浸出率预测经验模型，明晰了 Ws 可作为茶园用药安全性的重要选择指标。此外，茶叶的冲泡方式（如冲泡温度、冲泡时间、冲泡次数）、整碎程度、自身性质（如含油率）等也是影响农药浸出率的因素。甲氨基阿维菌素苯甲酸盐的浸出率随着冲泡次数的增加而逐渐减少，茶汤中的残留量与干茶中残留量呈正相关[15]；吡蚜酮、高效氯氟氰菊酯等农药在接触面积更大的碎茶中的浸出率明显高于整茶[6,16]。

农药在茶园的残留半衰期是表征农药在茶园环境变化的重要参数，残留半衰期越短，采收的茶叶鲜叶中的农药残留量越低；蒸汽压为表征农药在加工过程消解的关键参数，蒸汽压越高，加工过程中的农药损失率越高；农药的每日允许摄入量 ADI 值和大鼠急性致死中量是农药急慢性健康风险的指标，鱼类和蜜蜂的毒理学是农药生态毒性的指标，陈宗懋团队建立了农药半衰期、蒸汽压、Ws、大鼠的急性致死中量 LD_{50}、ADI、对鱼和蜜蜂的急性毒性 7 个参数作为茶园用药安全性评价指标的茶园农药安全选用准则[17]。每个指标按照分级标准进行 1~5 分评分，乘以对应因素的权重系数，得到权重分值，分值越低表示该农药在茶园中使用安全性越高，7 个指标的权重累计值（S）<25 的化学农药可推荐茶园应用。其中农药 Ws、残留半衰期和 ADI 是茶园安全选药中最重要的 3 个评价因素。因此高水溶性、长残效期和高毒农药不适于茶园应用，该原则为茶园高效低风险化学农药的筛选和农药安全选用提供了指导。

3. 茶叶中污染物来源解析

除农药残留外，茶叶中蒽醌（9,10-蒽醌）、高氯酸盐、塑化剂、多环芳烃、氟、铅、铝等污染物也是我国茶叶质量安全的重要影响因素，其中新型污染物蒽醌、高氯酸盐是“十三五”期间茶产业关注的热点。茶叶中污染物输入可能发生在茶叶种植、加工和包装运输等全链条环节[18]，明晰其转移规律、生成机理和污染源是污染物控制的前提。

由于蒽醌的潜在致癌性，欧盟制定茶叶中 MRLs 限量标准为 0.02 mg/kg。"十三五"期间，蒽醌位列欧盟通报我国茶叶超标风险因素首位。陈宗懋院士团队突破了茶叶基质干扰和蒽醌回收率低的难题，建立了溶剂提取、弗罗里硅土填充柱净化的蒽醌低成本高灵敏度检测新技术，定量限在 0.01 mg/kg[19]。通过考察蒽醌在茶叶种植、加工和储藏中的转移转化规律，明确了在正常栽培方式下，环境中的蒽醌较难造成茶叶中蒽醌含量超标；加工过程是茶叶中蒽醌含量超标的关键环节，尤其是加工过程中煤和柴的使用可造成茶叶中更高的蒽醌残留水平；蒽醌阳性包装材质与茶叶的直接接触会使得茶叶中蒽醌含量较快增加，明确了加工过程中煤和柴的使用引起的烟尘污染和含蒽醌的包装物是茶叶中蒽醌的主要来源，提出了采用清洁化能源、选择低含量蒽醌纸板箱和透气、透湿性差的包装袋等控制技术。2019 年我国输欧茶叶中蒽醌通报次数占总通报次数的比例较 2015 年下降 30%。

高氯酸盐会通过竞争性抑制碘的吸收而造成人体甲状腺功能受损，我国茶叶中高氯酸盐的检出率高于 90%[20-22]。Liu 等[21]首次报道了茶鲜叶中高氯酸盐的残留水平随鲜叶成熟度增加而增加的规律，表明种植环节可能是其重要污染途径；张南等[22]发现安徽西部茶园成熟叶高氯酸盐的含量为嫩芽的 17 倍。Liang 等[23]开展的高氯酸盐在茶树中的行为特征和亚细胞分布规律研究，揭示了茶树体内的高氯酸盐可发生双向传导，既能向上传导至顶芽，也可向下转移至土壤中；高氯酸盐在茶树组织中的累积规律为成熟叶>嫩叶>根，这是不同成熟度鲜叶制成的干茶中高氯酸盐含量差异的原因；高氯酸盐在茶树中的强移动性源于其在细胞壁和细胞器的固定比例较少。此外烟花燃放和垃圾焚烧厂释放的烟气也可造成茶叶中高氯酸盐含量升高。因此可通过控制种植环境中受污染的茶园投入品的使用、控制烟花燃放等措施减少茶叶中高氯酸盐的污染。

此外，"十三五"期间，茶叶中塑化剂的污染评价进一步扩展至种植环节的环境污染[24]和冲泡过程可能接触到的塑料制品等载体的研究[25-26]。

4. 茶叶中风险物质检测技术研究

“十三五”期间，茶叶中风险物质检测技术的发展主要表现在：高分辨质谱技术的发展和应用，实现了由靶向目标物筛查到智能化非靶向目标物定性高通量筛查的提升；免疫分析等特异性技术的发展实现了快速检测技术和产品的实际应用。

色谱质谱技术联用是检测领域的一次飞跃，同时实现了化合物的定性和定量分析。在传统实验室风险物质筛查和检测过程中，气相色谱、液相色谱、气相色谱-质谱联用、液相色谱-质谱联用技术仍是主要技术，《食品安全国家标准　茶叶中448种农药及相关化学品残留量的测定　液相色谱-质谱法》（GB 23200.13—2016）采用液相色谱-质谱建立了448种农药的残留测定方法，《茶叶中519种农药及相关化学品残留量的测定　气相色谱-质谱法》（GB/T 23204—2008）采用气相色谱-质谱建立了519种农药的残留测定方法。实验室时间飞行质谱和轨道阱质量分析器的质量分析能力可达10^4~10^5，质量精度可提升至10^{-6}级，并且可与四极杆串接使用，实现了在全扫描的模式下同步测定茶叶中数百种农药的残留[27-29]，显著提高了茶叶中农药筛查的效能。

传统实验室中风险物质的测定需依赖大型精密检测设备和特定的操作环境，往往不能满足现场、实时测定的需求。中国农业科学院茶叶研究所陈宗懋课题组与浙江大学朱国念课题组合作开发的基于直接竞争免疫层析原理的金标速测试纸条，实现了茶叶中吡虫啉和啶虫脒的快速、灵敏、实时、可视化监测，最低检测限可达0.05 mg/kg[30-32]，能满足国内外MRLs标准的要求。“十三五”期间该速测试纸条在茶叶企业、茶叶基地和科研院所推广应用3万多套，时间成本和检测成本下降90%。基于量子点的荧光侧流免疫色谱条（LFICS）和特异性抗体，建立了茶叶中新烟碱类农药吡虫啉、氯噻啉和噻虫胺的残留量的同步测定，荧光可视的检测限为0.5~1.0 ng/mL[33]。此外，随着纳米材料的制备和功能化技术的日趋完善，开展了纳米传感器、表面增强拉曼光谱技术在茶叶中农药残留快速检测方面的探索性研究。胡薇薇[34]将核酸适配体与纳米材料技术相结合，构建了荧光共振能量转移效应的纳米生物传感器用于茶叶中啶虫脒的检测，检出限为3.2 mol/L。

5. 标准法规建设

MRLs是以法规形式标明的采收加工后茶叶中风险物质的极限含量，是田间和其他过程管理及风险评价的参照标准。陈宗懋等[30]通过识别干茶和茶汤中农药和污染物残留量差异，明确国际上沿用40多年的以干茶中的残留量为基准制定MRLs的惯例，过高估计了通过饮茶造成的人体健康风险，率先提出以茶汤中残留量作为“有效风险量”的概念。构建以有效风险量制定MRLs标准的新原则，重构茶叶中MRLs制订的国际规范。作为国际MRLs限量参照标杆，目前国际食品法典委员会（CAC）制定了25项茶叶中MRLs，其中“十三五”期间新增虫螨腈、甲氰菊酯、吡虫啉、吡唑醚菌酯和螺虫乙酯5种农药在茶叶中的MRLs标准。

在茶园农药残留限量方面，2021年9月3日，由农业农村部、国家卫生健康委员会、国家市场监督管理总局三部委联合发布的《食品安全国家标准 食品中农药最大残留限量》（GB 2763—2021）正式实施。该标准中规定了564种农药在376种（类）食品中的MRLs标准10 092项，是“十三五”期间我国MRLs标准制定方面积累的重大成果。自2005年以来，我国茶叶中MRLs标准历经9次制修订，现有标准106项。与以往标准相比，GB 2763—2021中茶叶MRLs标准呈现出以下新特点。

（1）首次制定了饮料类组限量

按照我国农业农村部第1490号公告《用于农药最大残留限量标准制定的作物分类》，茶叶属于饮料类。此前，我国尚未对饮料类单独制定过MRLs标准，只针对饮料类中的具体作物，比如茶叶、菊花等制定了单独的MRLs标准。GB 2763—2021首次对36种农药制定了饮料类MRLs组限量。该类别限量严格（0.01 ~ 0.05 mg/kg），其中含6种禁限用农药，不含我国登记的茶园用药，因此在正常使用条件下，此次组限量的增加对我国茶园农药使用造成的影响较小。

（2）茶叶中MRLs标准限量数增加明显，限量标准要求严格

与2019年相比，我国茶叶中MRLs标准新增41项，其中伊维菌素

（0.2 mg/kg）、烯啶虫胺（1 mg/kg）和啶氧菌酯（20 mg/kg）是我国茶园登记农药。除该3种农药外，其他新增MRLs均≤0.05 mg/kg。高风险禁用农药克百威、乙酰甲胺磷、三氯杀螨醇3种农药的MRLs分别从0.05 mg/kg、0.1 mg/kg和0.2 mg/kg降至0.02 mg/kg、0.05 mg/kg和0.01 mg/kg。我国于2017年修订发布的《食品安全国家标准 食品中污染物限量》（GB 2762—2017）中取消了稀土限量，仅对茶叶中铅含量的限量规定为5.0 mg/kg。

在茶园农药使用方面，农业农村部和国家质量监督检验检疫总局颁布了《农药合理使用准则（十）》（GB/T 8321.10—2018），对茶叶中使用的丁醚脲、除虫脲、氯噻啉、苯醚甲环唑等农药的施药量（浓度）、施药方法、施药次数、安全间隔期作出规定。“十三五”期间，我国陆续对茶叶中使用的一些农药或化学品采取了禁用措施。农业农村部发布了第2445号、第2552号、148号（2019）公告，禁限用2,4-滴丁酯、乙酰甲胺磷、乐果、丁硫克百威、硫丹、溴甲烷和氟虫胺；生态环境部发布第10号公告，禁用林丹。至2023年1月，我国将禁止60多种（类）农药和化学品在茶叶中的使用。

二、茶叶质量安全存在的问题及“十四五”发展方向

“十三五”期间，茶叶质量安全研究取得了重要进展。随着“健康中国”战略的提出并深入实施，人们对食品安全提出了更高的要求。茶叶肩负乡村振兴的历史使命，同时是我国与世界交流的重要载体。因此，茶叶质量安全仍将是世界关注热点。随着科技水平的发展、研究学科的拓展和茶产业链的延伸，“十四五”期间需要在以下方面加强关注和研究。

1. 风险物质行为学研究

农药、污染物等风险物质在茶叶种植、加工、包装储运、冲泡等过程中的残留降解和转移规律仍是茶园农药使用、风险评价、MRLs制定研究的基础方面，但目前对该过程中母体化合物的关注较多，缺乏对代谢物、对映体、辅助成分等可能增毒的化合物的行为研究和安全性评价；从茶叶中农药残留的来源角度分

析，以往研究大多基于茶园中农药最主要的输入方式——喷施方式，形成茶树—茶叶—茶汤的途径研究，随着茶园农药使用年份的延长，茶园土壤健康及土壤中残留农药对茶叶质量安全的影响逐步纳入了茶叶中农药行为学研究，与其他农作物相比，茶树中该方面的研究刚刚起步。随着代谢组学的进一步拓展应用，农药残留及其降解产物对茶叶品质成分的影响将会逐步开展。

2. 茶园农药安全选用和使用

我国茶园存在化学农药使用量偏多、农药品种选择不当等问题。近 10 年来，我国茶叶中高水溶性农药吡虫啉和啶虫脒残留普遍存在，平均检出率高达 45.0%~49.2%，由于两种农药的高 Ws 导致的高浸出率（60%~97%），如按我国制定的茶叶中 MRLs 标准（吡虫啉 0.5 mg/kg，啶虫脒 10 mg/kg）计算，饮茶者每天通过饮茶摄入的吡虫啉和啶虫脒的量最高可达 5.3~12.7 μg，存在健康安全风险。因此，不应选择吡虫啉、啶虫脒等高水溶性新烟碱类农药在茶园应用，并建议修订对应的残留限量。同时应避免其他新烟碱类农药如呋虫胺、噻虫嗪、噻虫啉、噻虫胺及有机磷农药在茶园使用。

3. 污染物解析和产业调控

茶叶产业链长可能造成茶叶污染的环节较多。我国对于农药残留等已知风险物质的研究体系较为成熟，而对于茶叶中未知风险物质的基础研究刚刚起步。“十三五”期间，欧盟陆续对茶叶中新型污染物蒽醌、高氯酸盐、邻苯二甲酰亚胺、吡咯里西啶进行了系统筛查和风险评价，以此为基础制定的 MRLs 严重阻碍了我国茶叶的对外出口贸易。因此，解析茶叶全产业链中的可能有害物质及转移规律，制定科学合理的 MRLs 标准，对于保护饮茶者健康和茶叶出口贸易具有重要意义。鉴于茶产业中出现的蒽醌、多环芳烃的污染来源，加工过程中的传统燃料极易引起茶叶中有害物质含量升高，故需开展重点关键因子的产业调控技术研究。

4. 茶叶中风险物质的快速测定技术

茶叶中风险物质的实时现场快速测定，是把控终端茶叶质量安全和降低经济损失的重要手段。与其他蔬菜水果等农作物相比，茶叶内含成分种类多，基质较为复杂，增加了茶叶中风险物质的速测技术和产品研发的难度。随着纳米材料技术、芯片技术、表面增强拉曼光谱技术等小型化、高灵敏度技术的发展，“十三五”期间研发了茶叶及相关产品中新烟碱类农药、有机磷农药、高氯酸盐等速测技术和产品，但尚未完全覆盖茶叶质量安全需求，缺乏产业急需的高风险农药的速测技术和产品。多学科交叉实现茶叶中风险物质的快速测定和便携高灵敏速测产品的开发将是学科研究重点。

参考文献

[1] YANG J，LUO F J，ZHOU L，et al. Residue reduction and risk evaluation of chlorfenapyr residue in tea planting，tea processing，and tea brewing [J/OL]. Science of the Total Environment，2020，738：139613. https：//doi. org/10. 1016/j. scitotenv. 2020. 139613.

[2] 钟青．手性农药茚虫威对映体在茶叶中的降解差异研究 [D]．北京：中国农业科学院，2020.

[3] LI H X，ZHONG Q，LUO F J，et al. Residue degradation and metabolism of spinetoram in tea：A growing，processing and brewing risk assessment [J/OL]. Food Control，2021，125：107955. https：//doi. org/10. 1016/j. foodcont. 2021. 107955.

[4] 黎洪霞．吡丙醚在茶叶中的残留降解研究 [D]．北京：中国农业科学院，2021.

[5] ZHOU L，JIANG Y P，LIN Q，et al. Residue transfer and risk assessment of carbendazim in tea [J]. Journal of the Science of Food and Agriculture，2018，98（14）：5329-5334.

[6] YU H，SUN H Z，WANG X R，et al. Residue behavior and safety evaluation of pymetrozine in tea [J]. Journal of the Science of Food and Agriculture，2021，101（10）：4118-4124.

[7] LI H X，ZHONG Q，WANG X R，et al. The degradation and metabolism of chlorfluazuron and flonicamid in tea：A risk assessment from tea garden to cup [J/OL]. Science of the Total Environment，2021，754：142070. https：//doi. org/10. 1016/j. scitotenv. 2020. 142070.

[8] JIANG C L，HAN H L，DAI J X，et al. A dissipation pattern of gibberellic acid and its

metabolite, isogibberellic acid, during tea planting, manufacturing, and brewing [J]. Journal of Agricultural and Food Chemistry, 2020, 68 (49): 14417-14425.

[9] JIAO W T, HU Y Z, GE G Q, et al. Comparison of the metabolic behaviors of six systemic insecticides in a newly established cell suspension culture derived from tea (*Camellia sinensis* L.) leaves [J]. Journal of Agricultural and Food Chemistry, 2018, 66 (32): 8593-8601.

[10] JIAO W T, GE G Q, HUA R M, et al. Study on the metabolism of six systemic insecticides in a newly established cell suspension culture derived from tea (*Camellia sinensis* L.) leaves [J/OL]. Journal of Visualized Experiments, 2019 (148): e-59312. https://doi.org/10.3791/59312.

[11] TONG M M, GAO W J, JIAO W T, et al. Uptake, translocation, metabolism, and distribution of glyphosate in nontarget tea plant (*Camellia sinensis* L.) [J]. Journal of Agricultural and Food Chemistry, 2017, 65 (35): 7638-7646.

[12] JAGGI S, SOOD C, KUMAR V, et al. Leaching of pesticides in tea brew [J]. Journal of Agricultural and Food Chemistry, 2001, 49 (11): 5479-5483.

[13] CHEN H P, PAN M L, PAN R, et al. Transfer rates of 19 typical pesticides and the relationship with their physicochemical property [J]. Journal of Agricultural and Food Chemistry, 2015, 63 (2): 723-730.

[14] WANG X R, ZHOU L, ZHANG X Z, et al. Transfer of pesticide residue during tea brewing: Understanding the effects of pesticide's physico-chemical parameters on its transfer behavior [J]. Food Research International, 2019, 121: 776-784.

[15] ZHOU L, LUO F J, ZHANG X Z, et al. Dissipation, transfer and safety evaluation of emamectin benzoate in tea [J]. Food Chemistry, 2016, 202: 199-204.

[16] 张芬，张新忠，陈宗懋，等. 两种不同溶解度农药残留在茶汤中的浸出规律研究[J]. 茶叶科学，2019，39（5）：482-490.

[17] CHEN Z M, ZHOU L, YANG M, et al. Index design and safety evaluation of pesticides application based on a fuzzy AHP model for beverage crops: Tea as a case study [J]. Pest Management Science, 2019, 76 (2): 520-526.

[18] YANG Y Q, PENG C Y, THOMPSON H J, et al. Assuring that your cup of tea is risk-free [J]. Current Opinion in Food Science, 2019, 30: 98-102.

[19] 中华人民共和国农业农村部. 茶叶中9，10-蒽醌含量测定 气相色谱-串联质谱法：NY/T 3173—2017 [S]. 北京：中国农业出版社，2018.

[20] ZHAO Y G, ZHANG Y, WANG F L, et al. Determination of perchlorate from tea leaves using quaternary ammonium modified magnetic carboxyl-carbon nanotubes followed by liquid chromatography-tandem quadrupole mass spectrometry [J]. Talanta, 2018, 185:

411-418.

[21] LIU Y, SUN H Z, ZHOU L, et al. Quantitative determination and contamination pattern of perchlorate in tea by ultra performance liquid chromatography and tandem mass spectrometry [J]. Food Chemistry, 2019, 274: 180-186.

[22] 张南，张根荣，焦卫婷，等. 安徽东南和西部地区茶叶中高氯酸盐含量分析 [J]. 安徽农业大学学报，2020，47 (3)：345-348.

[23] LIANG Y B, ZHOU L, ZHANG X Z, et al. Uptake, accumulation, translocation, and subcellular distribution of perchlorate in tea (*Camellia sinensis* L.) plants [J]. Journal of Agricultural and Food Chemistry, 2021, 69 (16): 4655-4662.

[24] LIU P X, CHEN H P, GAO G W, et al. Occurrence and residue pattern of phthalate esters in fresh tea leaves and during tea manufacuring and brewing [J]. Journal of Agricutural and Food Chemistry, 2016, 64 (46): 8909-8917.

[25] YADAV S, RAI S, SRIVASTAVA A K, et al. Determination of pesticide and phthalate residues in tea by QuEChERS method and their fate in processing [J]. Environmental Science and Pollution Research, 2017, 24 (3): 3074-3083.

[26] ALNAIMAT A S, BARCIELA-ALONSO M C, BERMEJO-BARRERA P. Development of a sensitive method for the analysis of four phthalates in tea samples: Tea bag contribution to the total amount in tea infusion [J]. Food Additives and Contaminants Part A, 2020, 37 (10): 1719-1729.

[27] 黄合田，谢双，涂祥婷，等. Sin-QuEChERS 结合超高效液相色谱-高分辨质谱法快速筛查绿茶中农药及代谢物残留 [J]. 分析化学，2020，48 (3)：423-430.

[28] SAITO-SHIDA S, HAMASAKA T, NEMOTO S, et al. Multiresidue determination of pesticides in tea by liquid chromatography - high - resolution mass spectrometry: Comparison between orbitrap and time-of-flight mass analyzers [J]. Food Chemistry, 2018, 256: 140-148.

[29] DZUMAN Z, ZACHARIASOVA M, VEPRIKOVA Z, et al. Multi-analyte high performance liquid chromatography coupled to high resolution tandem mass spectrometry method for control of pesticide residues, mycotoxins, and pyrrolizidine alkaloids [J]. Analytica Chimica Acta, 2015, 863: 29-40.

[30] 陈宗懋，罗逢健，周利，等. 茶叶中农药残留和污染物管控技术体系创建及应用 [J]. 茶叶科学，2021，41 (1)：1-6.

[31] 杨梅，罗逢健，陈宗懋，等. 茶叶中吡虫啉与啶虫脒农药残留速测技术研究 [J]. 中国茶叶，2018，40 (2)：31-35.

[32] 赵颖，杨斌，柳颖，等. 啶虫脒金标免疫速测试纸条研制及其在茶叶中的应用 [J]. 农药学学报，2016，18 (3)：337-343.

[33] WANG S J, LIU Y, JIAO S S, et al. Quantum-dot-based lateral flow immunoassay for detection of neonicotinoid residues in tea leaves [J]. Journal of Agricultural and Food Chemistry, 2017, 65 (46): 10107-10114.

[34] 胡薇薇. 茶叶中啶虫脒农药的纳米生物传感器检测方法研究 [D]. 镇江: 江苏大学, 2017: 37-39.

(撰稿: 周利, 王新茹, 张新忠, 杨梅, 孙荷芝,
罗逢健, 楼正云, 陈宗懋*)

* 通信作者。

茶叶标准化“十三五”进展与“十四五”发展方向

标准化是为了在一定范围内获得最佳秩序，对现实问题或潜在问题确立共同使用和重复使用的条款的活动[1]。标准是为了在一定范围内获得最佳秩序，经协商一致确立并由公认机构批准，为活动或结果提供规则、指南和特性，供共同使用和重复使用的文件[1]。标准是经济活动和社会发展的技术支撑，是人类文明进步的成果，是世界通用语言。标准化在便利经贸往来、支撑产业发展、促进科技进步、规范社会治理中的作用日益凸显，中国也在不断加强标准化工作，将实施标准化战略作为一项重要和紧迫的任务。

标准化工作的任务是制定标准、组织实施标准和对标准的实施进行监督。茶叶领域涉及的标准一般包括技术标准、管理标准和工作标准等。其中技术标准是指对标准化领域中需要协调统一的技术事项所制定的标准，包括基础技术标准、产品标准、工艺标准、检测试验方法标准，以及安全、卫生、环保标准等。结合笔者20余年从事茶叶标准化工作的思考和实践，认为标准具有4个基本特征：各方协商一致的结果、有可操作性、有范围限制、有时效性。标准会随着科技社会的进步与发展而不断更新完善。

我国茶叶标准化工作起步较早。1953年建立了全国统一的毛茶分级标准样，20世纪50—80年代，根据内销、边销、外销制定了多套茶叶加工标准样。从上世纪80年代开始，逐步发布、实施了系列茶叶文字标准，包括测定方法标准、产品标准、卫生标准等。“十三五”期间，我国茶叶产业的快速健康发展，离不开标准的引领和助力；我国茶叶标准化工作也随国家对标准化工作的重视及茶产业的发展而得到快速发展。

一、我国茶叶标准化工作现状

近十几年来，在国家标准化战略的推进下，我国茶叶标准化工作由过去的标准制修订为主转向组织机构、人才队伍、标准体系等建设工作，茶叶标准化活动十分活跃并得到创新发展，至今已初步构建了较为完善的茶叶标准化技术体系。

1. 茶叶标准化组织机构建设

（1）全国茶叶标准化技术委员会建设

成立于2008年3月的全国茶叶标准化技术委员会（SAC/TC339）是归口管理全国茶叶标准化和对口管理国际茶叶标准化工作的技术组织，由国家标准化管理委员会批准成立，主管部门为中华全国供销合作总社，秘书处承担单位为中华全国供销合作总社杭州茶叶研究院。2019年换届进入第三届。目前第三届全国茶叶标准化技术委员会有委员68名、顾问1名、观察员66名，其中68名委员来自科研院所、大专院校、龙头企业、产业协会、政府职能部门等，具有茶类、产区、专业领域的广泛代表性；组建有绿茶、红茶、乌龙茶、黑茶、白茶、黄茶、茯茶、花茶、普洱茶、有机茶、边销茶、特种茶国际标准国内工作组等12个工作组，分别开展相关领域的标准化工作。

（2）各级组织机构主要建设工作

“十三五”期间，浙江、福建、安徽等全国主要产茶省，陆续组建省级茶叶标准化技术委员会，负责本区域茶叶标准化工作和组织满足本区域特色的地方标准的制修订工作。

茶叶团体标准组织机构建设在“十三五”期间得到蓬勃发展。用“茶”作为关键词查阅“全国团体标准信息平台”（http：//www. ttbz. org. cn）可见，自2017年启动至2021年7月上旬，有140个涉茶社会团体在平台登记注册，主要为各县、市、省、国家层面的协会、学会、研究会、产业联盟等，其中中国茶叶流通协会、中国茶叶学会、海峡两岸茶业交流协会均为茶叶标准化活动非常活跃的社会团体，4 年来各发布团体标准 20 项以上。

2. 我国茶叶标准体系建设

（1）国家标准

我国发布的现行有效茶叶国家标准 100 余项，覆盖产品标准、方法标准、工艺标准、通用标准、卫生标准等，主要包括绿茶系列产品国家标准和地理标志产品国家标准共 18 项，乌龙茶系列产品国家标准和地理标志产品国家标准等共 12 项，紧压茶系列产品国家标准 9 项，黑茶系列产品国家标准 5 项红茶系列产品国家标准和地理标志产品国家标准 4 项，茶制品系列产品国家标准共 6 项，白茶、黄茶、茉莉花茶、袋泡茶等产品国家标准 6 项，茶及茶制品测定方法国家标准共 19 项，茶叶加工技术规范及通用国家标准共 23 项。其中“十三五”期间发布的茶叶国家标准 37 项，包括《白茶加工技术规范》（GB/T 32743—2016）、《红茶加工技术规范》（GB/T 35810—2018）等基础标准 10 项，《黄茶》（GB/T 21726—2018）、《抹茶》（GB/T 34778—2017）等产品标准 21 项，《茶叶中茶多酚和儿茶素类含量的检测方法》（GB/T 8313—2018）、《茶叶中茶氨酸的测定 高效液相色谱法》（GB/T 23193—2017）等方法标准 6 项，初步构建了我国茶叶国家标准体系，全方位服务我国茶产业高质高效发展。

（2）行业标准

截至 2021 年 7 月中旬，涉茶现行有效行业标准 230 余项，行业领域涉及农业（NY）、供销合作（GH）、轻工（QB）、出入境检验检疫（SN）、机械（JB）、国内贸易（SB）等，其中涉茶农业行业标准 64 项、供销合作行业标准 44 项、出入境检验检疫行业标准 38 项、机械行业标准 20 项、轻工行业标准 10 项、国内贸易行业标准 14 项。“十三五”期间发布了《红茶中茶红素和茶褐素含量的测定 分光光度法》（NY/T 3675—2020 ）、《茶树高温热害等级》（NY/T 3419—2019）、《径山茶》（GH/T 1127—2016）、《生态茶园建设规范》（GH/T 1245—2019）、《茶叶理条机》（JB/T 12833—2016）等涉茶行业标准 60 余项。

（3）团体标准

团体标准具有“快、新、活、高”的特点，技术层面能有效快速满足市场需要和创新需求，我国茶叶团体标准建设起步于2017年。“十三五”期间发布了《茶艺师职业技能竞赛技术规程》（T/CTSS 3—2019）、《新会柑普茶》（T/CTMA 024—2020）、《松溪白茶》（T/CSTEA 00009—2020）等385项茶叶团体标准。截至2021年7月中旬，涉茶团体标准已发布580余项，其中中国茶叶学会（社会团体代号：CTSS）发布团体标准24项，集中于技术规程（16项）、产品标准（4项）、评价规程（3项），在茶园用肥技术规程、技能人才水平评价等领域有创新；中国茶叶流通协会（社会团体代号：CTMA）发布团体标准24项，集中于产品标准（8项）、保质期标准（3项）、技术规程或管理规范（8项），在保质期制定、流通领域经营管理规范等领域有创新；海峡两岸茶业交流协会（社会团体代号：CSTEA）发布团体标准26项，主要集中于产品标准（14项）、技术规程或规范（10项），在新式茶饮创新产品标准、加工生产线装备技术规程等领域有创新。

（4）地方标准和企业标准

地方政府日益加强对地方标准的制修订工作，茶叶地方标准数量日益增多，覆盖全产业链各领域，标准的科学性和可操作性越来越强。地方标准的制定，主要以重点突出茶叶产品和加工工艺的区域特色和差异化发展，以提高区域公共品牌的核心竞争力。

“一流企业制标准”，规模企业、龙头企业日益重视标准化工作，规模龙头企业不仅积极完善企业自身的标准体系，个别企业也积极参与“标准领跑者”项目。茶叶企业标准化体系的完善，一方面能提高企业产品品质和质量稳定性，提升企业品牌的市场竞争力，另一方面也能在一定程度上对区域公用品牌产品的整体质量和市场竞争力的提升作出企业贡献。

3. 我国从事ISO茶叶国际标准化工作进展

ISO/TC34是国际标准化组织食品技术委员会的简称，TC34下设18个分技术委员会，其中SC8是茶叶分技术委员会。ISO/TC34/SC8负责茶叶领域的国际标准化工作，涵盖不同茶类的产品标准、测试方法标准、良好加工规范等，以便在国际贸易中促进茶叶质量更明确并能确保消费者对品质的需求。ISO/TC34/

SC8 秘书处设在英国标准化协会（BSI），联合秘书处曾设在中国国家标准化管理委员会（SAC），2020 年 5 月因 ISO 实行新政策而终止。

中华全国供销合作总社杭州茶叶研究院作为 ISO/TC34/SC8 在中国的唯一技术归口单位，在国家标准化管理委员会和中华全国供销合作总社的指导下，一直代表国家组织参加茶叶国际标准化工作，推动茶叶国际标准化进程。“十三五”期间主要做了以下工作。

① 跟踪 ISO 茶叶国际标准化工作动向，参加 SC8 茶叶测定方法的全球实验室环试、茶叶国际标准制修订投票和国际标准转化工作。

② 牵头承担和推动茶叶国际标准制定，近几年由我国专家提出并作为项目召集人的国际标准制定项目 3 个，包括其中的《绿茶　术语》（ISO 18449：2021）已于今年正式发布实施[2]，《乌龙茶：定义与规格》（ISO/DIS 20715）和《茶叶分类》（ISO/CD 20716）等标准的制定工作正积极推进中。

③ 组团参加和承办 ISO/TC34/SC8 茶叶国际标准工作会议，包括 2017 年 12 月在英国伦敦召开的 ISO/TC34/SC8 第二十六次茶叶国际标准会议、2019 年 10 月底在杭州召开的 ISO/TC34/SC8 第二十七次茶叶国际标准会议以及同期召开的 ISO/TC34/SC8/WG6 茶叶分类工作组会议、ISO/TC34/SC8/WG7 乌龙茶工作组会议、ISO/TC34/SC8/WG10 绿茶术语工作组会议，中国代表团成员代表我国在茶叶国际标准化舞台上主导或提出工作意见和建议，提高中国茶叶在国际上的影响力和话语权。

④ 中华全国供销合作总社杭州茶叶研究院与浙江省茶叶集团股份有限公司共同承担的 ISO/TC34/SC8 联合秘书处，为我国专家有效从事茶叶国际标准化工作提供规则指导、多方协调等作用，同时从不同层面、不同场合宣传了我国茶叶的国际国内标准化工作，提升了我国茶叶标准化工作的国际影响力。

⑤ 开展茶叶国家标准外文版翻译工作，推动中国标准走出去。“十三五”期间，全国茶叶标准化技术委员会已组织开展紧压茶系列、乌龙茶系列、绿茶系列等 20 余个产品国家标准的英译工作。

二、“十四五”茶叶标准化工作重点任务和发展方向

结合我国茶产业发展实际及茶叶标准化工作现状，提出以下“十四五”茶叶标准化工作重点任务和发展方向。

1. 国内茶叶标准化工作重点任务和方向

（1）加强我国茶叶标准体系的完善

根据国际形势、国家战略、科技进步、产业需求等，要不断加强我国茶叶标准化体系的研究和完善，不仅为新技术、新产品、新模式、新方法的行业推广研究制定先进标准，引领和推动行业进步，还要重点关注国家新发展理念，比如为实现“碳达峰、碳中和”目标，茶叶行业需要推动茶园种植、车间加工、产品包装和仓储物流、质量检测等各个环节的资源节约化、环境友好型系列标准的研制，减少能耗和污染物的排放，维护茶园生态平衡和促进茶产业循环经济。针对国家大健康战略，结合茶叶的特殊性，要开展基于健康属性评价的系列标准研制，推动不同茶类健康属性的科学评价，推动消费者科学饮茶。基于新消费、新动能，开展基于茶与旅游、文化等一二三产融合的标准研制。基于人工智能，开展茶叶快速检测技术标准体系的研制。

（2）重视以县域为单位、基于区域公用品牌建设的茶叶标准化体系建设

2018 年 1 月实施的新的《中华人民共和国标准化法》第三章第三十一条规定：县级以上人民政府应当支持标准化试点示范和宣传工作，传播标准化理念，推广标准化经验，推动全社会运用标准化方式组织生产、经营、管理和服务，发挥标准对促进转型升级、引领创新驱动的支撑作用。根据笔者近年来对产茶县茶叶标准化工作的了解及全国茶叶标准化示范县建设情况[3]，从县域层面抓好茶叶标准化建设工作，可以从以下层面系统推进：一是建立一个基于全产业链价值提升的区域茶叶标准化体系，顶层设计地方茶叶标准化工作；二是建设一支区域茶叶标准化人才队伍，强化标准化意识，重视标准化知识和技能的提升，加强标准的宣贯、绩效评估和制修订；三是建立一套区域茶叶标准化政策保障，尤其是

标准化经费和工作推进机制的保障等；四是建设一批区域茶叶标准化示范基地、示范企业、示范工程或项目，以点带面辐射带动区域茶叶标准化水平和能力的提升。

（3）重视以企业为基本单元的茶叶标准化能力与水平提升

随着近十几年我国茶园规模、茶叶产量的快速发展，茶叶企业在“十四五”期间面临的竞争压力越来越大，迫切需要科技创新和标准化引领，以提高茶叶品质，保证品质的稳定性以及提高规模企业的经济、社会和生态效益。针对规模茶叶企业实质性推进标准化工作，可从以下几个角度入手：企业负责人重视标准化工作；建立一套企业标准体系，达到精细化管理目的；培养2位或2位以上茶叶标准化人才，具备及时发现企业标准化工作不足的能力并不断完善；牵头或参与制定1项以上企业标准之外的茶叶标准，如团体标准、地方标准、行业标准，甚至是国家标准和国际标准。

（4）重视茶叶标准样品体系建设

茶叶标准样品是指具有足够的均匀性、代表该类茶叶品质特征，经过技术鉴定，符合该产品标准的并附有质量等级说明的一批茶叶样品[4]。目前，我国茶叶实物标准样还比较少，已研制的茶叶国家标准样品有武夷岩茶、洞庭碧螺春等，行业标准样品有九曲红梅茶、金骏眉茶、径山茶等行业标准样品[5]，此项工作可为产业规模化、集约化经营、产品品质稳定性和市场美誉度保障提供有力技术支撑。“十四五”期间，茶叶标准样品体系建设工作将得到进一步重视和建设完善，包括成立全国性茶叶标准样品制备技术机构，进一步规范茶叶标准样品制备技术和程序，增加茶叶国家标准样品制作种类和数量，规范和加强团体标准、地方标准、行业标准配套标准样品制备工作。

2. 我国参与ISO茶叶国际标准化工作重点任务和方向

（1）牵头承担或参与茶叶国际标准制修订工作

继续积极推进我国专家牵头承担的“乌龙茶”“茶叶分类”等国际标准研制项目的实施进程，“茶叶提取物：茶多酚定义和规格”国际标准制定立项进程和“茶叶化学分类”技术报告研制进程；积极参与“固态速溶茶”“抹茶”等茶叶国际标准新项目的制修订工作；继续推进其他茶叶国际标准新项目的提案工作。

（2）培育和建设一支从事茶叶国际标准化工作的人才队伍

继续推荐和吸纳一批茶叶专业人才到茶叶国际标准化工作队伍中来，他们应具备深厚的茶叶专业功底，了解国内外茶叶标准化规则，具有熟练的英语应用能力以及基本的沟通交流协调能力；同时通过多种途径提升实战能力，包括参加国家标准化管理委员会举办的国际标准化工作培训，参加茶叶国际标准化人才能力提升专题培训，作为派出专家参加茶叶国际标准制修订工作组，在实战中提升茶叶国际标准化工作的从业能力，通过以上多种途径，逐步为我国茶叶国际标准化工作储备高素质专业人才。

（3）其他工作

继续积极组团参加 ISO/TC34/SC8 茶叶标准工作会议，有条件继续争取在中国承办 ISO/TC34/SC8 茶叶标准工作会议。服务“一带一路”，继续推进茶叶国家标准的英译工作。

参考文献

[1] 全国标准化原理与方法标准化技术委员会．标准化工作指南 第 1 部分：标准化和相关活动的通用术语：GB/T 20000.1—2014［S］. 北京：中国标准出版社，2015.

[2] ISO/TC34/SC8. Green Tea—Vocabulary：ISO18449：2021（E）［S］. 瑞士：ISO 中央秘书处，2021.

[3] 杨秀芳，宿迷菊，王盈峰，等．全国茶叶标准化示范县建设工作初探［J］. 中国茶叶加工，2017（5/6）：10-14.

[4] 尹祎，刘仲华．茶叶标准与法规［M］. 北京：中国轻工业出版社，2021.

[5] 赵玉香，金阳，刘亚峰，等．金骏眉茶、九曲红梅茶、径山茶实物标准样品的制备［J］. 中国茶叶加工，2020（2）：33-37.

（撰稿：杨秀芳）